丛书主编：饶良修

INTERIOR DESIGN DETAILS COLLECTION

室内细部设计资料集

卫浴设计

中国建筑学会室内设计分会

主　编：王　芳　杨　琳

主　审：周燕珉　陆　静

中国建筑工业出版社

图书在版编目（CIP）数据

卫浴设计/王芳，杨琳主编. —北京：中国建筑工
业出版社，2019.11
（室内细部设计资料集/饶良修主编）
ISBN 978-7-112-24317-4

Ⅰ.①卫… Ⅱ.①王…②杨… Ⅲ.①卫生间－室内装
饰设计②浴室－室内装饰设计 Ⅳ.①TU241

中国版本图书馆CIP数据核字（2019）第216659号

本书赠送增值服务，请扫小程序二维码

责任编辑：何　楠
责任校对：芦欣甜

室内细部设计资料集
丛书主编：饶良修

卫浴设计

中国建筑学会室内设计分会
主　编：王　芳　杨　琳
主　审：周燕珉　陆　静
*
中国建筑工业出版社出版、发行（北京海淀三里河路9号）
各地新华书店、建筑书店经销
霸州市顺浩图文科技发展有限公司制版
北京中科印刷有限公司印刷
*
开本：880×1230毫米　1/16　印张：15½　字数：443千字
2019年11月第一版　2019年11月第一次印刷
定价：**78.00**元（含增值服务）
ISBN 978-7-112-24317-4
　　　（34824）

序　一

期待已久的"室内细部设计资料集"已经陆续与读者见面，这是我国室内设计界值得庆贺的一件大事。这一套由高等院校、施工单位和设计单位联合编写丛书的面世，在我国室内设计界，不仅仅为设计师们、为教师们、为施工单位提供了一套符合我国国情的，有关室内细部设计的设计、教学、施工参考资料，这还是改革开放之后，我国新兴的室内设计专业正在逐渐走向成熟的一种标志。

室内设计从建筑设计中分离出来成为独立的新专业之后，在细部设计方面面临着许多新问题。从向书本学习，向国外学习到在实践中成长，中国的室内设计从业者们经历过摸索，经历过失败，也取得了成功。值得庆幸的是，众多的实践机会让我们在摸爬滚打中成长起来。我们终于有了自己的"室内细部设计资料集"。虽然它可能还有不足之处，但我相信不断的实践会让它更加充实，更加完美。

这部资料集汇集了我国室内细部设计方面的许多典型案例，是我国在室内设计实践中成功经验的总结，值得我们好好学习和运用。同时，事物也总是在发展的。建筑材料在不断更新，施工方法在不断变化，审美情趣在不断改变，这都需要室内细部设计不断寻找新的对策。我希望在这个资料集的基础上，有更多新的创造，新的发展。我相信我们会越做越好。

我国室内设计的老前辈，我们中国建筑学会室内设计分会的老副会长饶良修先生主持了这套资料集的编辑工作，他为此付出了多年的不懈努力。我们室内设计分会还有不少设计单位、高校教师以及施工单位为此书的诞生在辛勤劳动。在此，我对他们的无私奉献表示深深的谢意，并希望这套丛书尽快全部完成。

邹瑚莹

序　二

　　"室内细部设计资料集"在中国建筑工业出版社与中国建筑学会室内设计分会的共同组织下，经过众多专家学者艰辛努力，终于陆续出版面世了。

　　"室内细部设计资料集"是一套大型技术手册。书中提供的室内细部构造是特定形式的技术解决方案，技术条件执行我国现行的政策、法规、标准、规范、规程。案例是经过实践考验的、技术成熟、安全可靠的室内装修工程的经验总结。我们希望能对读者起到举一反三的作用。本套丛书是建筑设计、室内设计从业人员编制室内设计施工图文件，进行室内装修细部构造设计的首选技术资料；是高等院校室内设计专业的教师、学生工程实践教学的参考资料；也可以作为室内设计管理单位、专业工程技术人员的培训教材。

　　"室内细部设计资料集"均由概论与案例两个部分组成。《卫浴设计》第一章"概论"部分包括：相关的卫生间国家技术法规、规范、标准；涉及的新材料、新工艺；设计要点、构造原理、选用方法等技术指导方面的内容。本书第二章"卫浴设计案例"部分，按各种类型的卫生间方案设计、初步设计、施工图设计编排。工程案例照片对照详图构造，结合文字说明编制，精准清晰。

　　"室内细部设计资料集"尝试采用一种新的编纂形式，丛书邀请了国内著名专家、学者参与策划、审校工作，保证了丛书的质量。由国内知名室内设计教学、施工单位及卫浴产品生产厂家联合编写，集室内行业的智慧与经验，服务于行业的发展需求。设计和施工单位长期从事一线室内装修工程，积累了大量的室内细部设计构造案例和资料；大专院校具有学术研究的传统与严谨的治学态度，他们善于将实践总结提升到理论高度，使读者不但知其然，亦知其所以然；生产厂家提供的产品信息，为设计师提供了产品标准和应用标准，使设计师选用产品心中有底。

　　"室内细部设计资料集"是一套大型技术手册，编制时间长，而室内设计技术发展很快，时效性很强，如果等到全部出齐，有的构造可能已经落后了，为了使图集尽早发挥作用，服务于行业的需求，"室内细部设计资料集"采取分期分批出版。随着时间的推移、技术的发展可以不断补充、修订。

　　"室内细部设计资料集"内容丰富、篇幅浩大，原拟由9个相对独立的分册组成。

　　（1）《室内细部设计基础》

　　（2）《内墙装修》

（3）《地面装修》

（4）《室内吊顶》

（5）《灯具与照明》

（6）《楼梯栏杆（板）》

（7）《卫浴设计》

（8）《家具设计》

（9）《公共建筑室内引导系统》。

由于种种原因，除《楼梯栏杆（板）》分册按原合同已出版发行外，其余8个分册均未按合同时间交稿。现经调整后的室内细部设计资料集丛书，由六个分册组成：

（1）《墙面装修》

（2）《地面装修》

（3）《室内吊顶》

（4）《楼梯栏杆（板）》

（5）《卫浴设计》

（6）《公共建筑室内导向系统》

《卫浴设计》是"室内细部设计资料集"丛书中的一个分册。《卫浴设计》立项之初由中国矿业大学（徐州）建筑系矫苏平教授与深圳洪涛装饰公司姜文元总工程师负责组成联合编辑组，在收集资料编制写作大纲时，发现合作单位距离太远，不便沟通，工作无法进行下去。《卫浴设计》编辑组把该项任务退回"室内细部设计资料集"总编室。重组后的《卫浴设计》编辑组由北京丽贝亚建筑装饰工程有限公司王芳团队与北京建筑大学杨琳团队联合编制，北京建筑大学负责第一章"概论"部分的编写，北京丽贝亚建筑装饰工程有限公司负责第二章"卫浴设计案例"的编写。编辑组虽有分工，但做到了分工不分家，概论组在进度受阻时，案例组主动介入协助工作，人手不够时，"室内细部设计资料集"总编辑委员会副主任朱爱霞，从本单位北京清水爱派建筑设计股份有限公司抽调人力支援赶上进度。

卫浴设施是衡量一个国家和地区经济水平、生活质量、现代化程度、文明素质的标尺。在向现代化迈进的中国，提出了"厕所革命"的口号，"厕所革命"是关注民生的一件大事。习总书记强调，厕所问题不是小事情，是城乡文明建设的重要方面，不但景区、城市要抓，农村也要抓，要把这项工作作为乡村振兴战略的一项具体工作来推进，努力补齐这块影响群众生活品质的短板。

卫浴设计在建筑设计、室内设计中，工作份额所占的比例虽然不高，但它牵涉的专业多，卫浴设计秉承国际通用设计理念，要求建筑、结构、水、暖、电，全专业密切协作，实现人性化功能完善，设施配置标准与国际对标，关注老年人、残疾人，婴幼儿、伤患、病患、孕妇等人群的需求。这最能考量设计师的艺术素养与专业功力。所以我们说卫浴设计是"小题目，大设计"。卫浴设计强调以人为本，与城市建设协同统一，符合绿色、环保可持续发展的要求，向人性化、艺术化、多功能化、智能化方向发展。卫浴设计是要考虑到方方面面的精细设计。

在《卫浴设计》出版的时候，首先要感谢中国建筑学会室内设计分会前任秘书长叶红对"室内细部设计资料集"的关心和支持，委派中国建筑学会室内设计分会常务理事朱爱霞老师、秘书处办公室潘晓微老师介入，督促推动编制工作，帮助解决问题。新一届秘书长陈亮对编制工作给予极大的关注，提供设计资料、安排宣传工作。感谢广东坚朗五金制品股份有限公司参加编制工作，提供技术支持；感谢技术主审清华大学建筑系周燕珉教授和周燕珉工作室陆静老师，对《卫浴设计》提出的指导意见；最后更要感谢北京清水爱派建筑设计股份有限公司在整个过程中对本书的大力协助和支援，这也是本书顺利截稿的重要原因。

我们期待《卫浴设计》能对室内设计工作者有所帮助，在室内工程设计中发挥积极的作用。

饶良修
2019 年 4 月

前　言

　　《卫浴设计》作为"室内细部设计资料集"中的一册，历经数年的编辑整理，终于与广大读者见面了。

　　卫浴间作为民用建筑的重要组成部分，是人们生活不可或缺的空间。卫浴空间的设计不仅是室内设计功能的体现，更是对设计精细化的考量。

　　本书由于历时较长，概论中大量国家规范都进行了更新，2019年编辑整理过程中，编辑组又对规范内容重新进行了核对调整，并结合一线设计师的理论需求，对概论部分的内容进行了调整，增加了人体尺度、国标图集等相关内容，丰富了无障碍卫浴设计部分。

　　设计案例部分从内容选择分类、图样表现方式等方面进行了多次反复的讨论、修改，力求让设计方案更具有代表性，图纸表达方式更清晰。

　　本书的编写人员由高校教师和一线设计师组成。根据多年实践经验总结，在书的内容上既能从理论、规范上进行归纳提炼，同时又能结合企业的设计项目实际案例，可供在校师生学习使用，也可为室内设计师在实际工作中提供参考。

　　在本书的编写过程中得到了许多专家的指导和宝贵意见。

　　饶良修先生为本书的编写提供了全程的指导和支持，从书的总体内容、编写深度及编制的具体要求等方面都进行了悉心指导，并且亲自参与编制工作。饶老的专注与无私，让我们感动，让所有的编者都备受鼓舞和激励。朱爱霞女士在本书的编写过程中提出很多宝贵建议和意见，为本书的编制改进指明了方向，并对本书进行了多次的校审，提供资料，毫无保留地奉献出自己的知识和宝贵经验。

　　主审周燕珉老师、陆静老师对本书文字、设计案例逐一细致审核，对本书的编写提出了指导性意见。在编制的过程中，北京丽贝亚建筑装饰工程有限公司的孙恺老师、周军老师为本书的编写工作给予了高度的重视和大力的支持，设计院各院、所、大师工作室、施工图中心等部门也积极参与，提供设计案例，为本书的案例编制提供帮助。

　　这里还要感谢本书的合作伙伴北京建筑大学杨琳教授及其团队，参与了从资料收集、文字部分的整理修改，到最后的成书，感谢北京建筑大学师生们的在整个过程中的通力合作。感谢贾桂秀老师对书中卫生间案例部分细致认真的图纸初审。感谢中国中元国际工程有限公司为本书提供了相关设计案例。感谢广东坚朗五金制品股份有限公司为本书提供卫浴洁具五金资料。感谢所有参与本书编写的人员，感谢你们持之以恒的辛勤努力和无私奉献。

愿本书能成为广大的建筑师、室内设计师及相关高校教师和学生提供实用的参考价值。当然书中难免有疏漏不足之处，恳请广大读者提出更多宝贵意见和建议，我们将在后续版本中改进。

王芳

2019 年 5 月

目　录

第一章　概论

第一节　卫浴设计基础

一、卫浴的发展

排泄是人类的生理需求，为了解决这个问题，人类在不同的历史时期，在当时的生产力条件下，利用智慧创造了不同的器具及如厕方式。卫生间经历了原始的"野厕"—简陋的干厕—近现代的水冲厕所的发展历程，折射出人类文明发展史：卫生间从单纯的解决排泄功能的单一空间，发展到今天成为具有如厕、洗浴、化妆、理疗、健体的综合功能空间。

卫浴空间的发展经历了以下几个阶段。

第一个阶段"野厕阶段"：人类绝大部分的历史没有卫浴的概念，任何人在大自然中都可以自行解决问题，在江、湖、溪、涧中洗浴，在野地无人僻静之所大小便。

第二个阶段"茅厕阶段"："野厕"遇风、雹、雨、雪很不方便，严寒酷暑、蚊虫叮咬就更是一种煎熬，于是茅厕出现了。当今，各博物馆里展出的陶厕、石厕揭示了当时人们如厕的情景（图1、图2）。

第三个阶段"具有功能洁具的厕所阶段"：目前中国城市的大部分居室都处在这个阶段，随着社会生产力、科技水平和经济实力及文明程度的提升，卫浴的功能日趋完善。

第四个阶段"文化型、健康型卫浴阶段"：现代卫浴空间向功能化、健康化、智能化、艺术化方向发展，卫浴已不仅仅是为了清洁身体，而与现代生活方式相关，带有浓厚的文化色彩。

图1　陶厕
（存于汉中博物馆）

卫浴文化内涵随着时代的变迁在逐渐演变。特别是在现代，高端科技的介入、审美观的变化，可持续发展绿色健康生活方式理念深入人心，卫浴空间出现了各种新潮流、新趋势。卫浴文化在这股潮流影响下兴盛并发展起来。

图2　石厕
（存于斯里兰卡博物馆）

二、卫浴设计术语

卫生间设计是建筑室内设计人文关怀的细节体现，除了要满足人们的生理需求外，还要做精细化设计研究，才能不断地提升卫浴空间的品质，满足各年龄段、各人群及社会化生产、装配化施工协同发展等的需要。

卫浴设计应遵循相关国家设计标准、规范，以下为卫浴设计中常用的术语。

1. 公共厕所　public toilets, lavatory, restroom

供社会公众使用，设置在道路旁或公共场所的厕所。公共厕所可分为独立式公共厕所和附属式公共场所。

2. 独立式公共厕所　independence public toilets

不依附于其他建筑物的固定式公共厕所。

3. 附属式公共厕所　dependence public toilets

依附于其他建筑物的固定式公共厕所。

4. 无障碍专用厕所　toilets for disable people

供老年人、残疾人等行动不方便的人使用的厕所。

5. 活动式公共厕所　mobile public toilets

能移动使用的公共厕所。

6. 固定式公共厕所　fix up public toilets

Section1
概论

卫浴设计基础

建筑卫浴设计
相关规范

无障碍卫
浴设计

卫浴设计基
本要素

不能移动使用的公共厕所。

7. 水冲便器　water closet

用水冲洗的坐便器、蹲便器及小便器。

8. 卫生间　toilet, lavatory

在有住宿功能的建筑物单元内，用于大小便、洗漱、洗浴等活动的房间。

9. 浴室　bathroom

供人们洗浴用的房间。

10. 盥洗室（洗手间）　lavatory, washroom

用于洗漱功能的房间，可设置于卫生间内（一般设置在出入口与厕所间之间），也可单独设置。供人们进行洗漱、洗衣等活动的房间。

11. 厕位（蹲、坐位）　cubicle

如厕的位置，根据便器的类别分为坐位、蹲位和站位。

12. 厕所间　compartment

用于大小便、洗漱并安装了相应卫生洁具的房间。

13. 第三卫生间　family toilets

用于协助老、幼及行动不便者使用的厕所间。

三、卫浴设计分类及设计规定

（一）卫生间设计分类

卫生间根据所处的建筑类型可分为居住建筑卫生间、公共建筑卫生间。居住建筑卫生间是指有居住功能建筑物内的卫生间，供居住者进行便溺、洗浴、盥洗等活动的空间。公共建筑卫生间可分为固定式和活动式。固定式卫生间根据卫生间与建筑的关系可分为独立式公共卫生间和附属式公共卫生间。

独立式公共卫生间是指不依附于其他建筑的卫生间，主要包括市政配套卫生间、旅游景点卫生间等，通常设置在繁华地区、重点地区、重要街道、主要干道、公共活动地区和居民住宅区等民众聚集较多的地方。

独立式公共卫生间按周边环境和建筑设计要求分为三类。

一类公共卫生间设置在商业区、重要公共设施、重要交通客运设施、公共绿地及其他环境要求高的区域；

二类公共卫生间设置在城市主、次干路及行人交通量较大的道路沿线；

三类公共卫生间设置在其他街道区域。

附属式公共卫生间是依附于其他建筑物的固定式公共厕所。是指各类建筑或公共场所，包括办公、科研、商场、餐馆、宾馆、机场、码头、博物馆等场所附设的卫生间。

附属式公共卫生间按场所和建筑设计要求分为两类。

一类公共卫生间设置在大型商场、宾馆、饭店、展览馆、机场、车站、影剧院、大型体育场馆、综合性商业大楼和二、三级医院等公共建筑；

二类公共卫生间设置在一般商场（含超市）、专业性服务机关单位、体育场馆和一级医院等公共建筑。

（二）卫浴设计的相关规定

1. 卫浴设计的位置规定

厕所、卫生间、盥洗室和浴室的位置应符合下列规定：

（1）厕所、卫生间、盥洗室和浴室应根据功能合理布置，位置选择应方便使用、相对隐蔽，并应避免所产生的气味、潮气、噪声等影响或干扰其他房间。室内公共厕所的服务半径应满足不同类型建筑的使用要求，不宜超过 50.0m。

（2）在食品加工与贮存、医药及其原材料生产与贮存、生活供水、电气、档案、文物等有严格卫生、安全要求房间的直接上层，不应布置厕所、卫生间、盥洗室、浴室等有水房间；在餐厅、医疗用房等有较高卫生要求用房的直接上层，应避免布置厕所、卫生间、盥洗室、浴室等有水房间，否则应采取同层排水和严格的防水措施。

（3）除本套住宅外，住宅卫生间不应布置在下层住户的卧室、起居室、厨房和餐厅的直接上层。

2. 卫浴设计的平面规定

（1）卫生器具配置的数量应符合国家现行相关建筑设计标准的规定。男女厕位的比例应根据使用特点、使用人数确定。在男女使用人数基本均衡时，男厕厕位（含大、小便器）与女厕厕位数量的比例宜为 1：1～1：1.5；在商场、体育场馆、学校、观演建筑、交通建筑、公园等场所，厕位数量比不宜小于 1：1.5～1：2。

（2）厕所、卫生间、盥洗室和浴室的平面布置应符合下列规定：

1）厕所、卫生间、盥洗室和浴室的平面设计应合理布置卫生洁具及其使用空间，管道布置应相对集中、隐蔽。有无障碍要求的卫生间应满足国家现行有关无障碍设计标准的规定。

2）公共厕所、公共浴室应防止视线干扰，宜分设前室。

3）公共厕所宜设置独立的清洁间。

4）公共活动场所宜设置独立的无性别厕所，且同时设置成人和儿童使用的卫生洁具。无性别厕所可兼作无障碍厕所。

（3）厕所和浴室隔间的平面尺寸应根据使用特点合理确定，并应按表 1 的规定。交通客运站和大中型商店等建筑物的公共厕所，宜加设婴儿尿布台和儿童固定座椅。交通客运站厕位隔间应考虑行李放置空间，其进深尺寸宜加大 0.2m，便于放置行李。儿童使用的卫生器具应符合幼儿人体工程学的要求。无障碍专用浴室隔间的尺寸应符合现行国家标准《无障碍设计规范》GB 50763 的规定。

厕所和浴室隔间的平面尺寸　　表 1

类　　别	平面尺寸（宽度 m× 深度 m）
外开门的厕所隔间	0.9×1.2（蹲便器） 0.9×1.3（坐便器）
内开门的厕所隔间	0.9×1.4（蹲便器） 0.9×1.5（坐便器）
医院患者专用厕所隔间（外开门）	1.1×1.5（门闩应能里外开启）
无障碍厕所隔间（外开门）	1.5×2.0（不应小于 1.0×1.8）
外开门淋浴隔间	1.0×1.2（或 1.1×1.1）
内设更衣凳的淋浴隔间	1.0×（1.0+0.6）

表格出处：《民用建筑设计统一标准》GB 50352—2019

3. 卫生设备间距的规定

（1）洗手盆或盥洗槽水嘴间距（图 3）

1）洗手盆或盥洗槽水嘴中心与侧墙面净距不应小于 0.55m；居住建筑洗手盆水嘴中心与侧墙面净距不应小于 0.35m。

2）并列洗手盆或盥洗槽水嘴中心间距不应小于 0.70m。

3）单侧并列洗手盆或盥洗槽外沿至对面墙的净距不应小于 1.25m；居住建筑洗手盆外沿至对面墙的净距不应小于 0.60m。

4）双侧并列洗手盆或盥洗槽外沿之间的净距不应小于 1.80m。

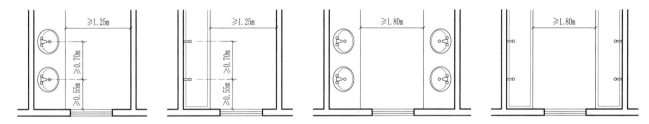

图 3　洗手盆或盥洗槽水嘴间距示意图

（2）小便斗间距（图 4）

并列小便器的中心距离不应小于 0.70m，小便器之间宜加隔板，小便器中心距侧墙或隔板的距离不应小于 0.35m，小便器上方宜设置搁物台。

（3）厕所隔间间距（图 5～图 7）

1）单侧厕所隔间至对面洗手盆或盥洗槽的距离，当采用内开门时，不应小于 1.30m；当采用外开门时，不应小于 1.50m。

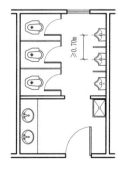

图 4　小便斗间距示意图

5

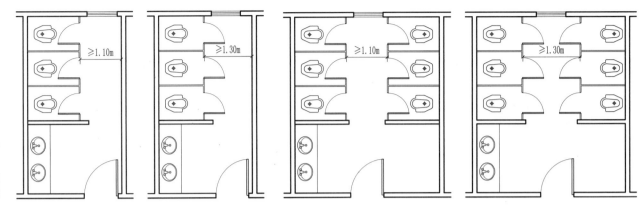

图5　单侧厕所隔间至对面墙净距离示意图　　　　图6　双侧厕所隔间间距示意图

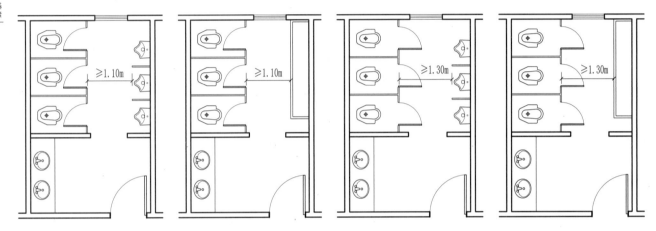

图7　单侧厕所隔间至对面小便器或小便槽距离示意图

2）单侧厕所隔间至对面墙面的净距，当采用内开门时不应小于1.10m，当采用外开门时不应小于1.30m；双侧厕所隔间之间的净距，当采用内开门时不应小于1.10m，当采用外开门时不应小于1.30m。

3）单侧厕所隔间至对面小便器或小便槽的外沿的净距，当采用内开门时不应小于1.10m，当采用外开门时不应小于1.30m；小便器或小便槽双侧布置时，外沿之间的净距不应小于1.30m（小便器的进深最小尺寸为350mm）。

（4）浴盆间距（图8）

浴盆长边至对面墙面的净距不应小于0.65m；无障碍盆浴间短边净宽度不应小于2.00m，并应在浴盆一端设置方便进入和使用的坐台，其深度不应小于0.40m。

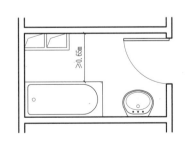

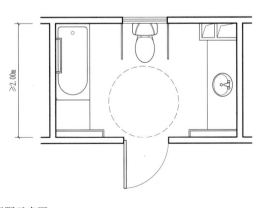

图8　浴盆间距示意图

四、公共卫生间卫生洁具配置规定

（一）公共场所卫生间卫生洁具配置规定《城市公共厕所设计标准》CJJ 14—2016 ☆

4.2.1　公共场所公共厕所厕位服务人数应符合表4.2.1的规定。

表4.2.1　公共场所公共厕所厕位服务人数

公共场所	服务人数（人／厕位·天）	
	男	女
广场、街道	500	350
车站、码头	150	100
公园	200	130
体育场外	150	100
海滨活动场所	60	40

（二）商业场所卫生间卫生洁具配置规定《城市公共厕所设计标准》CJJ 14—2016

4.2.2　商场、超市和商业街公共厕所厕位数应符合表4.2.2的规定。

表4.2.2　商场、超市和商业街公共厕所厕位数

购物面积（m²）	男厕位（个）	女厕位（个）
500以下	1	2
501～1000	2	4
1001～2000	3	6
2001～4000	5	10
≥4000	每增加2000m²男厕位增加2个，女厕位增加4个	

注：1　按男女如厕人数相当时考虑；
　　2　商业街应按各商店的面积合并计算后，按上表比例配置。

（三）餐饮场所卫生间洁具配置规定《城市公共厕所设计标准》CJJ 14—2016

4.2.3　饭馆、咖啡店、小吃店和快餐店等餐饮场所公共厕所厕位数应符合表4.2.3的规定。

表4.2.3　饭馆、咖啡店等餐饮场所公共厕所厕位数

设施	男	女
厕位	50座位以下至少设1个；100座位以下设2个，超过100座位每增加100座位增设1个	50座位以下设2个；100座位以下设3个，超过100座位每增加65座位增设1个

注：按男女如厕人数相当时考虑。

（四）公共文体活动场所卫生洁具配置规定《城市公共厕所设计标准》CJJ 14—2016

4.2.4　体育场馆、展览馆、影剧院、音乐厅等公共文体娱乐场所公共厕所厕位数应符合表4.2.4的规定。

表4.2.4　体育场馆、展览馆等公共文体娱乐场所公共厕所厕位数

设施	男	女
坐位、蹲位	250座以下设1个，每增加（1～500）座增设1个	不超过40座的设1个；（41～70）座设3个；（71～100）座设4个；每增（1～40）座增设1个
站位	100座以下设2个，每增加（1～80）座增设1个	无

注：1　若附有其他服务设施内容（如餐饮等），应按相应内容增加配置；
　　2　有人员聚集场所的广场内，应增建馆外人员使用的附属或独立厕所。

（五）公共交通、综合性服务楼等卫生洁具配置规定《城市公共厕所设计标准》CJJ 14—2016

4.2.5　机场、火车站、公共汽（电）车和长途汽车始末站、地下铁道的车站、城市轻轨车站、交通枢纽站、高速路休息区、综合性服务楼和服务性单位公共厕所厕位数应符合表4.2.5的规定。

表4.2.5　机场、火车站、综合性服务楼和服务性单位公共厕所厕位数

设施	男（人数／每小时）	女（人数／每小时）
厕位	100人以下设2个；每增加60人增设1个	100人以下设4个；每增加30人增设1个

第二节　建筑卫浴设计相关规范

一、托幼、中、小学校卫浴设计相关规范

（一）托儿所、幼儿园厕所卫生间《托儿所、幼儿园建筑设计规范》JGJ 39—2016

4.3.10　卫生间应由厕所、盥洗室组成，并宜分间或

☆ 本章中相关规范标准中的规定，为方便设计师查阅相关规范，相关条文、图表均按规范标准原文引用、表号、条目号均不变。

Section1
概论

卫浴设计基础

建筑卫浴设计
相关规范

无障碍卫
浴设计

卫浴设计基
本要素

分隔设置。无外窗的卫生间，应设置防止回流的机械通风设施。

4.3.11 每班卫生间的卫生设备数量不应少于表4.3.11的规定，且女厕大便器不应少于4个，男厕大便器不应少于2个。

表 4.3.11 每班卫生间卫生设备的最少数量

污水池 （个）	大便器 （个）	小便器 （个或位）	盥洗台 （水龙头，个）
1	6	4	6

4.3.12 卫生间应临近活动室或寝室，且开门不宜直对寝室或活动室。盥洗室与厕所之间应有良好的视线贯通。

4.3.13 卫生间所有设施的配置、形式、尺寸均应符合幼儿人体尺度和卫生防疫的要求。卫生洁具布置应符合下列规定：

1 盥洗池距地面的高度宜为 0.50m ～ 0.55m，宽度宜为 0.40m ～ 0.45m，水龙头的间距宜为 0.55m ～ 0.60m；

2 大便器宜采用蹲式便器，大便器或小便器之间均应设隔板，隔板处应加设幼儿扶手。厕位的平面尺寸不应小于 0.70m × 0.80m（宽 × 深），坐式便器的高度宜为 0.25m ～ 0.30m。

4.3.14 厕所、盥洗室、淋浴室地面不应设台阶，地面应防滑和易于清洗。

4.3.15 夏热冬冷和夏热冬暖地区，托儿所、幼儿园建筑的幼儿生活单元内宜设淋浴室；寄宿制幼儿生活单元内应设置淋浴室，并应独立设置。

4.4.5 教职工的卫生间、淋浴室应单独设置，不应与幼儿合用。

（二）中小学校厕所、淋浴室《中小学校设计规范》GB 50099—2011

6.2.5 教学用建筑每层均应分设男、女学生卫生间及男、女教师卫生间。学校食堂宜设工作人员专用卫生间。当教学用建筑中每层学生少于3个班时，男、女生卫生间可隔层设置。

6.2.6 卫生间位置应方便使用且不影响其周边教学环境卫生。

6.2.7 在中小学校内，当体育场地中心与最近的卫生间的距离超过 90.00m 时，可设室外厕所。所建室外厕所的服务人数可依学生总人数的 15% 计算。室外厕所宜预留扩建的条件。

6.2.8 学生卫生间卫生洁具的数量应按下列规定计算：

1 男生应至少为每 40 人设 1 个大便器或 1.20m 长大便槽；每 20 人设 1 个小便斗或 0.60m 长小便槽；女生应至少为每 13 人设 1 个大便器或 1.20m 长大便槽；

2 每 40 人 ～ 45 人设 1 个洗手盆或 0.60m 长盥洗槽；

3 卫生间内或卫生间附近应设污水池。

6.2.9 中小学校的卫生间内，厕位蹲位距后墙不应小于 0.30m。

6.2.10 各类小学大便槽的蹲位宽度不应大于 0.18m。

6.2.11 厕位间宜设隔板，隔板高度不应低于 1.20m。

6.2.12 中小学校的卫生间应设前室。男、女卫生间不得共用一个前室。

6.2.13 学生卫生间应具有天然采光、自然通风的条件，并应安置排气管道。

6.2.14 中小学校的卫生间外窗距室内楼地面 1.70m 以下部分应设视线遮挡措施。

6.2.15 中小学校应采用水冲式卫生间。当设置旱厕时，应按学校专用无害化卫生厕所设计。

二、居住建筑卫浴设计相关规范

（一）居住建筑厕所卫生间《住宅设计规范》GB 50096—2011

5.4.1 每套住宅应设卫生间，应至少配置便器、洗浴器、洗面器三件卫生设备或为其预留设置位置及条件。三件卫生设备集中配置的卫生间的使用面积不应小于 $2.50m^2$。

5.4.2 卫生间可根据使用功能要求组合不同的设备。不同组合的空间使用面积应符合下列规定：

1 设便器、洗面器时不应小于 $1.80m^2$；

2 设便器、洗浴器时不应小于 $2.00m^2$；

3 设洗面器、洗浴器时不应小于 $2.00m^2$；

4 设洗面器、洗衣机时不应小于 $1.80m^2$；

5 单设便器时不应小于 $1.10m^2$。

5.4.3 无前室的卫生间的门不应直接开向起居室（厅）或厨房。

5.4.4 卫生间不应直接布置在下层住户的卧室、起居室（厅）、厨房和餐厅的上层。

5.4.5 当卫生间布置在本套内的卧室、起居室（厅）、厨房和餐厅的上层时，均应有防水和便于检修的措施。

（二）宿舍建筑厕所卫生间《宿舍建筑设计规范》JGJ 36—2016

4.3.1 公用厕所应设前室或经公用盥洗室进入，前室或公用盥洗室的门不宜与居室门相对。公用厕所、公用盥洗室不应布置在居室的上方。除附设卫生间的居室外，公用厕所及公用盥洗室与最远居室的距离不应大于25m。

4.3.2 公用厕所、公用盥洗室卫生设备的数量应根据每层居住人数确定，设备数量不应少于表4.3.2的规定。

表4.3.2 公用厕所、公用盥洗室内洁具数量

项目	设备种类	卫生设备数量
男厕	大便器	8人以下设一个；超过8人时，每增加15人或不足15人增加一个
	小便器	每15人或不足15人设一个
	小便槽	每15人或不足15人设0.7m
	洗手盆	与盥洗室分设的厕所至少设一个
	污水池	公用厕所或公用盥洗室设一个
女厕	大便器	5人以下设一个；超过5人时，每增加6人或不足6人增加一个
	洗手盆	与盥洗室分设的卫生间至少设一个
	污水池	公用卫生间或公用盥洗室设一个
盥洗室（男、女）	洗手盆或盥洗槽龙头	5人以下设一个；超过5人时，每增加10人或不足10人增加一个

注：公用盥洗室不宜男女合用。

4.3.3 楼层设有公共活动室和居室附设卫生间的宿舍建筑，宜在每层另设小型公用厕所，其中大便器、小便器及盥洗水龙头等卫生设备均不宜少于2个。

4.3.4 居室内的附设卫生间，其使用面积不应小于2m²。设有淋浴设备或2个坐（蹲）便器的附设卫生间，其使用面积不宜小于3.5m²。4人以下设1个坐（蹲）便器，5人~7人宜设置2个坐（蹲）便器，8人以上不宜附设卫生间。3人以上居室内附设卫生间的厕位和淋浴宜设隔断。

4.3.5 夏热冬暖地区应在宿舍建筑内设淋浴设施，其他地区可根据条件设分散或集中的淋浴设施，每个浴位服务人数不应超过15人。

4.3.6 宿舍建筑内的主要出入口处宜设置附设卫生间的管理室，其使用面积不应小于10m²。

三、体育、医疗、办公建筑卫浴设计相关规范

（一）体育建筑厕所卫生间《体育建筑设计规范》JGJ 31—2003

4.4.2 观众用房应符合下列要求：

5 应设观众使用的厕所。厕所应设前室，厕所门不得开向比赛大厅，卫生器具应符合表4.4.2-2和表4.4.2-3的规定。

表4.4.2-2 贵宾厕所厕位指标（厕位/人数）

贵宾席规模	100人以内	100~200人	200~500人	500人以上
每一厕位使用人数	20	25	30	35

注：男女比例1:1，男厕大小便厕位比例1:2。

表4.4.2-3 观众厕所厕位指标

项目 指标	男厕			女厕
	大便器（个/1000人）	小便器（个/1000人）	小便槽（m/1000人）	大便器（个/1000人）
指标	8	20	12	30
备注		二者取一		

注：男女比例1:1

6 男女厕内均应设残疾人专用便器或单独设置专用厕所。

7.3.1 辅助用房与设施应符合以下要求：

1 应设有淋浴、更衣和厕所用房，其设置应满足比赛时和平时的综合利用，淋浴数目不应小于表7.3.1的规定。

表7.3.1 淋浴数目

使用人数	性别	淋浴数目
100人以下	男	1个/20人
	女	1个/15人
100~300人	男	1个/25人
	女	1个/20人
300人以上	男	1个/30人
	女	1个/25人

Section1
概论

卫浴设计基础

建筑卫浴设计
相关规范

无障碍卫
浴设计

卫浴设计基
本要素

（二）疗养院建筑厕所卫生间《疗养院建筑设计标准》JGJ/T 40—2019

5.2.6 疗养室内卫生间设施应符合下列规定：

1 卫生间应配置洗面盆、洗浴器、便器3种卫生洁具，有条件时宜设洗衣机位；

2 门的有效通行净宽不应小于0.8m；

3 卫生间宜采用外开门或推拉门，门锁装置应内外均可开启；

4 卫生间应采取有效的通风排气措施。

（三）综合医院建筑厕所卫生间《综合医院建筑设计规范》GB 51039—2014

5.1.13 卫生间的设置应符合下列要求：

1 患者使用的卫生间隔间的平面尺寸，不应小于1.10m×1.40m，门应朝外开，门闩应能里外开启。卫生间隔间内应设输液吊钩。

2 患者使用的坐式大便器坐圈宜采用不易被污染、易消毒的类型，进入蹲式大便器隔间不应有高差。大便器旁应装置安全抓杆。

3 卫生间应设前室，并应设非手动开关的洗手设施。

4 采用室外卫生间时，宜用连廊与门诊、病房楼相接。

5 宜设置无性别、无障碍患者专用卫生间。

6 无障碍专用卫生间和公共卫生间的无障碍设施与设计，应符合现行标准《无障碍设计规范》GB 50763的有关规定。

5.5.8 护理单元的盥洗室、浴室和卫生间，应符合下列要求：

1 当卫生间设于病房内时，宜在护理单元内单独设置探视人员卫生间。

2 当护理单元集中设置卫生间时，男女患者比例宜为1：1，男卫生间每16床应设1个大便器和1个小便器。女卫生间每16床应设3个大便器。

3 医护人员卫生间应单独设置。

4 设置集中盥洗室和浴室的护理单元，盥洗水龙头和淋浴器每12床~15床应各设1个，且每个护理单元应各不少于2个。盥洗室和淋浴室应设前室。

5 附设于病房内的浴室、卫生间面积和卫生洁具的数量，应根据使用要求确定，并应设紧急呼叫设施和输液吊钩。

6 无障碍病房内的卫生间应按本规范第5.1.13条的要求设置。

（四）办公建筑厕所卫生间《办公建筑设计规范》JGJ 67—2006

4.3.6 公用厕所应符合下列要求：

1 对外的公用厕所应设供残疾人使用的专用设施；

2 距离最远工作点不应大于50m；

3 应设前室；公用厕所的门不宜直接开向办公用房、门厅、电梯厅等主要公共空间；

4 宜有天然采光、通风；条件不允许时，应有机械通风措施；

5 卫生洁具数量应符合现行行业标准《城市公共厕所设计标准》CJJ 14的规定。

注：1 每间厕所大便器三具以上者，其中一具宜设坐式大便器；

2 设有大会议室（厅）的楼层应相应增加厕位。

四、饮食、商店、旅馆建筑卫浴设计相关规范

（一）饮食建筑厕所卫生间《饮食建筑设计标准》JGJ 64—2017

4.1.6 建筑物的厕所、卫生间、盥洗室、浴室等有水房间不应布置在厨房区域的直接上层，并应避免布置在用餐区域的直接上层。确有困难布置在用餐区域直接上层时应采取同层排水和严格的防水措施。

4.2.5 公共区域的卫生间设计应符合下列规定：

1 公共卫生间宜设置前室，卫生间的门不宜直接开向用餐区域，卫生洁具应采用水冲式；

2 卫生间宜利用天然采光和自然通风，并应设置机械排风设施；

3 未单独设置卫生间的用餐区域应设置洗手设施，并宜设儿童用洗手设施；

4 卫生设施数量的确定应符合现行行业标准《城市公共厕所设计标准》CJJ 14对餐饮类功能区域公共卫生间设施数量的规定及现行国家标准《无障碍

设计规范》GB 50763 的相关规定；

5 有条件的卫生间宜提供为婴儿更换尿布的设施。

（二）商店建筑厕所卫生间《商店建筑设计规范》JGJ 48—2014

4.2.14 供顾客使用的卫生间设计应符合下列规定：

1 应设置前室，且厕所的门不宜直接开向营业厅、电梯厅、顾客休息室或休息区等主要公共空间；

2 宜有天然采光和自然通风，条件不允许时，应采取机械通风措施；

3 中型以上的商店建筑应设置无障碍专用厕所，小型商店建筑应设置无障碍厕位；

4 卫生设施的数量应符合现行行业标准《城市公共厕所设计标准》CJJ 14 的规定，且卫生间内宜配置污水池；

5 当每个厕所大便器数量为 3 具及以上时，应至少设置 1 具坐式大便器；

6 大型商店宜独立设置无性别公共卫生间，并应符合现行国家标准《无障碍设计规范》GB 50763 的规定；

7 宜设置独立的清洁间。

（三）旅馆建筑厕所卫生间《旅馆建筑设计规范》JGJ 62—2014

4.1.9 旅馆建筑的卫生间、盥洗室、浴室不应设在餐厅、厨房、食品贮藏等有严格卫生要求用房的直接上层。

4.1.10 旅馆建筑的卫生间、盥洗室、浴室不应设在变配电室等有严格防潮要求用房的直接上层。

4.2.5 客房附设卫生间不应小于表 4.2.5 的规定。

表 4.2.5 客房附设卫生间

旅馆建筑等级	一级	二级	三级	四级	五级
净面积（m²）	2.5	3.0	3.0	4.0	5.0
占客房总数百分比（%）	—	50	100	100	100
卫生器具（件）	2		3		

注：2 件指大便器、洗面盆，3 件指大便器、洗面盆、浴盆或淋浴间（开放式卫生间除外）。

4.2.6 不附设卫生间的客房，应设置集中的公共卫生间和浴室，并应符合下列规定：

1 公共卫生间和浴室设施的设置应符合表 4.2.6 的规定：

表 4.2.6 公共卫生间和浴室设施

设备（设施）	数量	要求
公共卫生间	男女至少各一间	宜每层设置
大便器	每 9 人 1 个	男女比例宜按不大于 2：3
小便器或 0.6m 长小便槽	每 12 人 1 个	—
浴盆或淋浴间	每 9 人 1 个	—
洗面盆或盥洗槽龙头	每 1 个大便器配置 1 个，每 5 个小便器增设 1 个	—
清洁池	每层 1 个	宜单独设置清洁间

注：1 上述设施大便器男女比例宜按 2：3 设置，若男女比例有变化需做相应调整；其余按男女 1：1 比例配置。
　　2 应按现行国家标准《无障碍设计规范》GB 50763 规定，设置无障碍专用厕所或厕位和洗面盆。

2 公共卫生间应设前室或经盥洗室进入，前室和盥洗室的门不宜与客房门相对；

3 与盥洗室分设的厕所应至少设一个洗面盆。

4.2.7 公共卫生间和浴室不宜向室内公共走道设置可开启的窗户，客房附设的卫生间不应向室内公共走道设置窗户。

五、交通客运站、铁路旅客车站建筑卫生间设计相关规范

（一）交通客运站建筑厕所卫生间《交通客运站建筑设计规范》JGJ/T 60—2012

6.6.3 旅客使用的厕所及盥洗室的设计应符合下列规定：

1 厕所应设前室，一、二级交通客运站应单独设盥洗室，并宜设置儿童使用的盥洗台和小便器；

2 厕所宜有自然采光，并应有良好通风；

3 厕所及盥洗室的卫生设施应符合现行行业标准《城市公共厕所设计标准》CJJ 14 的有关规定。

4 男女旅客宜各按 50% 计算，一、二级交通客运站宜设置儿童使用的盥洗台和小便池。

（二）铁路旅客车站建筑厕所卫生间《铁路旅客车站建筑设计规范》GB 50226—2007

5.7.1 旅客站房应设厕所和盥洗间。

5.7.2 旅客站房厕所和盥洗间的设计应符合下列规定：

1 设置位置明显，标志易于识别。

2 厕位数宜按最高聚集人数或高峰小时发送量2个/100人确定，男女人数比例应按1：1、厕位按1：1.5确定，且男、女厕所大便器数量均不应少于2个，男厕应布置与大便器数量相同的小便器。

3 厕位间应设隔板和挂钩。

4 男女厕所宜分设盥洗间，盥洗间应设面镜，水龙头应采用卫生、节水型，数量宜按最高聚集人数或高峰小时发送量1个/150人设置，并不得少于2个。

5 候车室内最远地点距厕所距离不宜大于50m。

6 厕所应有采光和良好通风。

7 厕所或盥洗间应设污水池。

5.7.3 特大型、大型站的厕所应分散布置。

第三节 无障碍卫浴设计

一、无障碍卫浴设计要求

无障碍卫浴设计是指在卫浴空间的出入口、室内空间功能及地面材料等方面综合考虑行动不便者的使用需求。空间设计中要满足使用者在整个使用过程中有足够的空间，要有扶手、安全抓杆等防护措施。

（一）无障碍设计要求

1. 无障碍卫浴平面设计要求

无障碍厕所中女厕所的无障碍设施包括至少1个无障碍厕位和1个无障碍洗手盆；男厕所的无障碍设施包括至少1个无障碍厕位、1个无障碍小便器和1个无障碍洗手盆；无障碍厕位应方便乘轮椅者到达和进出，尺寸宜做到2.00m×1.50m，不应小于1.80m×1.00m；厕所的入口和通道应方便乘轮椅者进入和进行回转，回转直径不小于1.50m；无障碍厕位的门宜向外开启，如向内开启，需在开启后厕位内留有直径不小于1.50m的轮椅回转空间，门的通行净宽不应小于800mm，平开门外侧应设高900mm的横扶把手，在关闭的门扇里侧设高900mm的关门拉手，并应采用门外可紧急开启的插销；地面应防滑，不积水。

公共浴室的无障碍设施包括1个无障碍淋浴间或盆浴间以及1个无障碍洗手盆；公共浴室的入口和室内空间应方便乘轮椅者进入和使用，浴室内部应能保证轮椅进行回转，回转直径不小于1.50m；浴室地面应防滑、不积水。

图9为无障碍卫浴参考平面图。

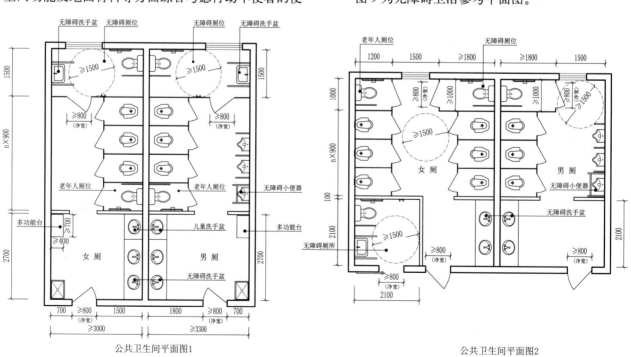

图9 无障碍卫浴参考平面图（一）

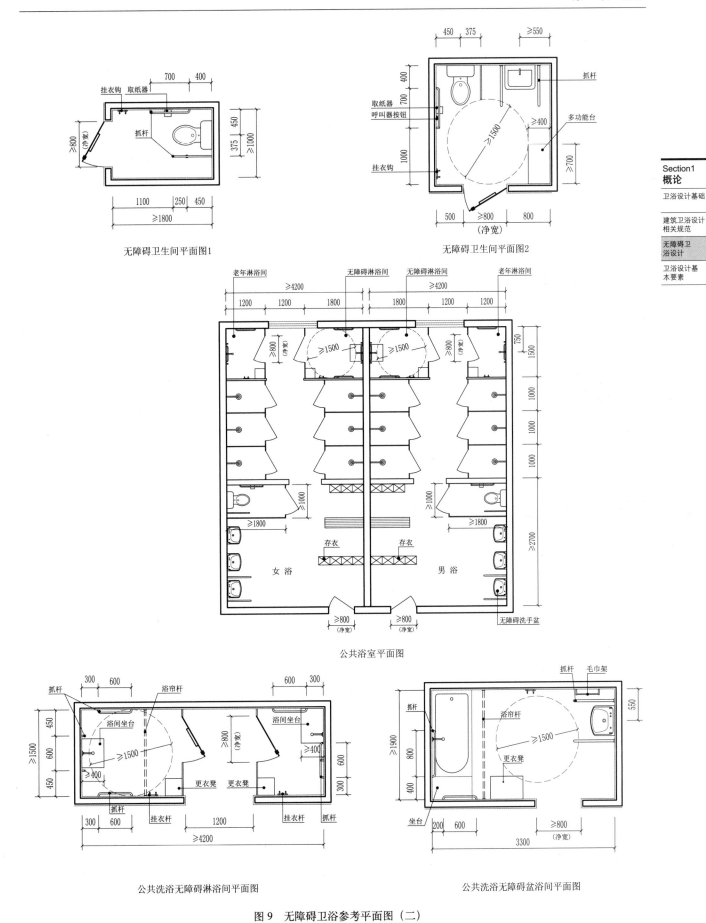

无障碍卫生间平面图1

无障碍卫生间平面图2

Section1
概论

卫浴设计基础

建筑卫浴设计
相关规范

无障碍卫
浴设计

卫浴设计基
本要素

公共浴室平面图

公共洗浴无障碍淋浴间平面图

公共洗浴无障碍盆浴间平面图

图 9　无障碍卫浴参考平面图（二）

Section1
概论

卫浴设计基础

建筑卫浴设计
相关规范

无障碍卫
浴设计

卫浴设计基
本要素

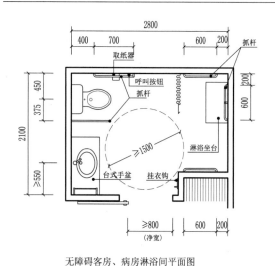

无障碍客房、病房淋浴间平面图　　　　　　　　住房无障碍卫生间平面图

图9　无障碍卫浴参考平面图（三）

图片出处：参考国家建筑设计标准图集《无障碍设计》12J926

2. 无障碍卫浴的功能设置要求

无障碍卫浴空间内部应设坐便器、洗手盆、多功能台、挂衣钩和呼叫按钮等；其中多功能台长度不宜小于700mm，宽度不宜小于400mm，高度宜为600mm；挂衣钩距地高度不应大于1.20m；坐便器旁的墙面上应设高400～500mm的救助呼叫按钮；取纸器应设在坐便器的侧前方，高度为400～500mm。

3. 无障碍卫浴设施设计要求

无障碍厕位内应设坐便器，厕位两侧距地面700mm处应设长度不小于700mm的水平安全抓杆，另一侧应设高1.40m的垂直安全抓杆；无障碍洗手盆的水嘴中心距侧墙应大于550mm，其底部应留出宽750mm、高650mm、深450mm供乘轮椅者膝部和足尖部的移动空间，并在洗手盆上方安装镜子，出水龙头宜采用杠杆式水龙头或感应式自动出水方式；无障碍小便器下口距地面高度不应大于400mm，小便器两侧应在距墙面550mm处，设高度为1.20m的垂直安全抓杆，并在距墙面550mm处，设高度为900mm水平安全抓杆，与垂直安全抓杆链接。表2为常用无障碍设施基本尺寸要求。

无障碍卫浴设施基本尺寸	表2
无障碍坐便器扶手	

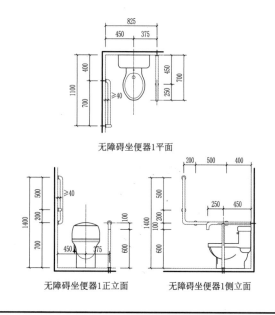

无障碍坐便器1平面

无障碍坐便器1正立面　　　无障碍坐便器1侧立面

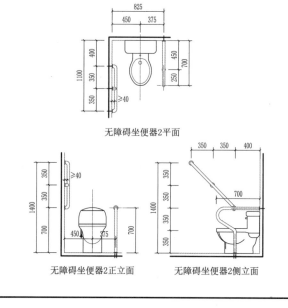

无障碍坐便器2平面

无障碍坐便器2正立面　　　无障碍坐便器2侧立面

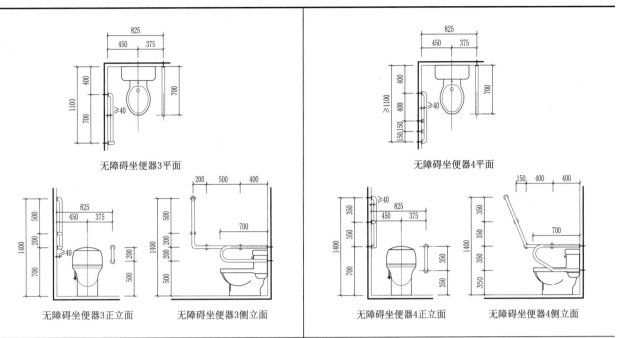

无障碍坐便器3平面　　　　　　　　　　无障碍坐便器4平面

无障碍坐便器3正立面　　无障碍坐便器3侧立面　　无障碍坐便器4正立面　　无障碍坐便器4侧立面

无障碍蹲便器

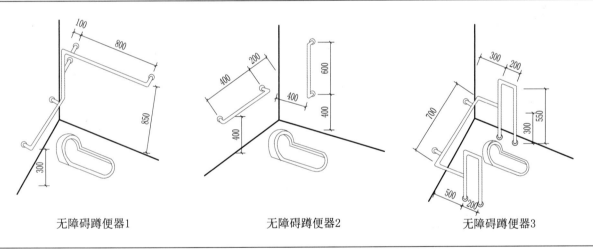

无障碍蹲便器1　　　　　　　　无障碍蹲便器2　　　　　　　　无障碍蹲便器3

无障碍洗手盆

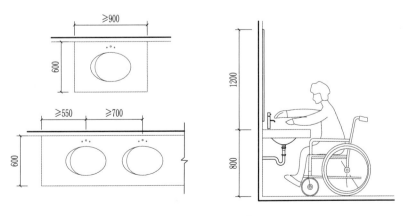

无障碍洗手盆1

Section1
概论

卫浴设计基础

建筑卫浴设计
相关规范

无障碍卫
浴设计

卫浴设计基
本要素

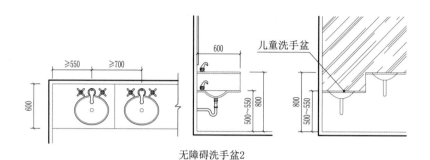

无障碍洗手盆2

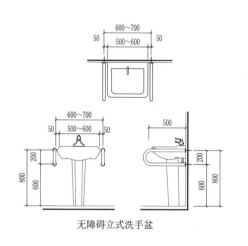

无障碍立式洗手盆

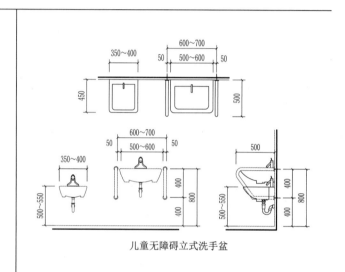

儿童无障碍立式洗手盆

无障碍小便器

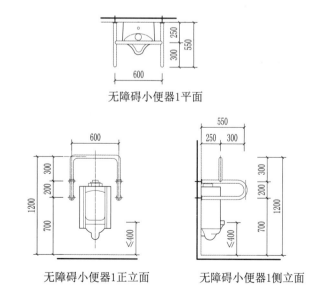

无障碍小便器1平面

无障碍小便器1正立面　　　无障碍小便器1侧立面

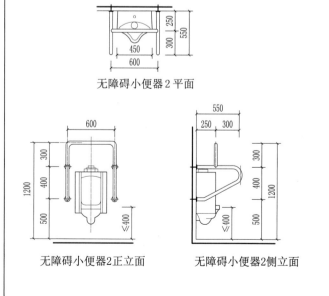

无障碍小便器2平面

无障碍小便器2正立面　　　无障碍小便器2侧立面

Section1
概论

卫浴设计基础

建筑卫浴设计
相关规范

无障碍卫
浴设计

卫浴设计基
本要素

无障碍淋浴安全抓杆

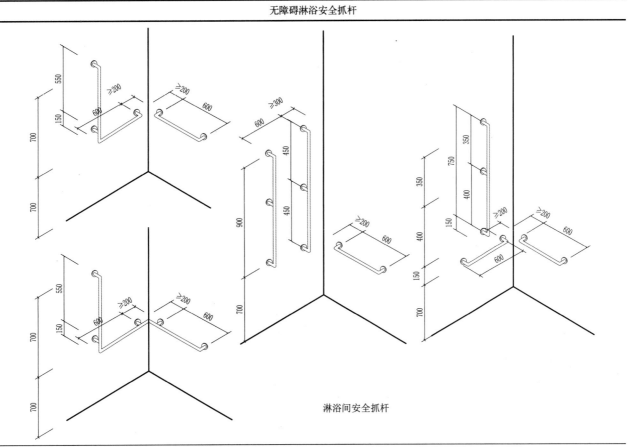

淋浴间安全抓杆

盆浴安全抓杆

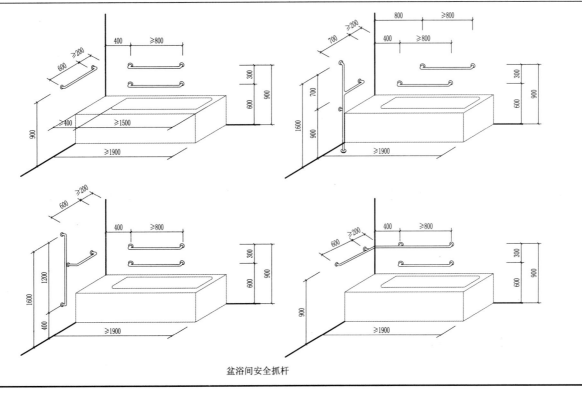

盆浴间安全抓杆

图片出处：参考国家建筑标准设计图集《无障碍设计》12J926

（二）无障碍设计基本尺寸

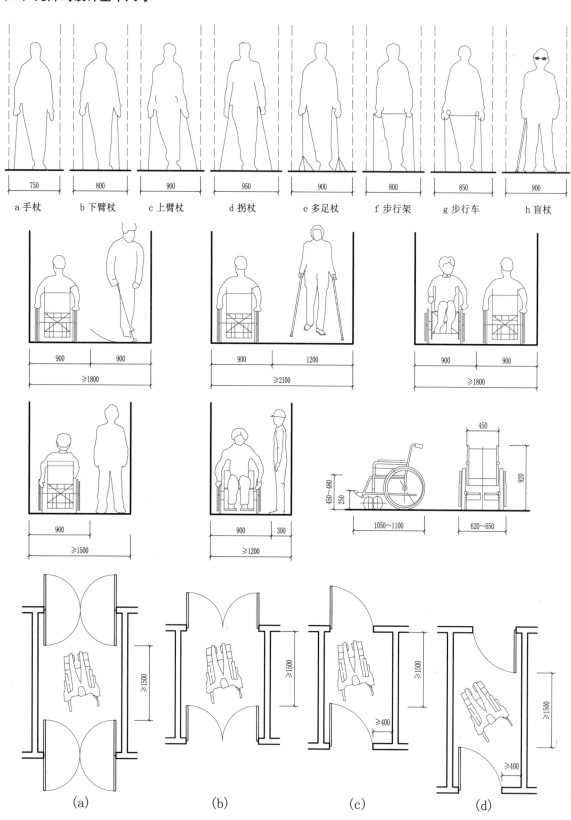

图 10　无障碍设计基本尺寸

图片出处：参考国家建筑标准设计图集《无障碍设计》12J926

二、无障碍卫浴设计相关规范

（一）住宅卫浴无障碍设计规范《无障碍设计规范》GB 50763—2012

3.12.4 无障碍住房及宿舍的其他规定：

1 单人卧室面积不应小于 7.00m²，双人卧室面积不应小于 10.50m²，兼起居室的卧室面积不应小于 16.00m²，起居室面积不应小于 14.00m²，厨房面积不应小于 6.00m²；

2 设坐便器、洗浴器（浴盆或淋浴）、洗面盆三件卫生洁具的卫生间面积不应小于 4.00m²；设坐便器、洗浴器二件卫生洁具的卫生间面积不应小于 3.00m²；设坐便器、洗面盆二件卫生洁具的卫生间面积不应小于 2.50m²；单设坐便器的卫生间面积不应小于 2.00m²；

3 供乘轮椅者使用的厨房，操作台下方净宽和高度都不应小于 650mm，深度不应小于 250mm；

4 居室和卫生间内应设求助呼叫按钮；

5 家具和电器控制开关的位置和高度应方便乘轮椅者靠近和使用；

6 供听力障碍者使用的住宅和公寓应安装闪光提示门铃。

（二）适老建筑无障碍设计规范《老年人照料设施建筑设计标准》JGJ 450—2018

5.2.7 护理型床位的居室应相邻设居室卫生间，居室及居室卫生间应设满足老年人盥洗、便溺需求的设施，可设洗浴等设施；非护理型床位的居室宜相邻设居室卫生间。居室卫生间应符合下列规定：

1 当设盥洗、便溺、洗浴等设施时，应留有助洁、助厕、助浴等操作空间。

2 应有良好的通风换气措施。

3 与相邻房间室内地坪不宜有高差；当有不可避免的高差时，不应大于 15mm，且应以斜坡过渡。

5.2.8 照料单元应设公用卫生间，且应符合下列规定：

1 应与单元起居厅或老年人集中使用的餐厅邻近设置。

2 坐便器数量应按所服务的老年人床位数测算（设居室卫生间的居室，其床位可不计在内），每 6 床～8 床设 1 个坐便器。

3 每个公用卫生间内至少应设 1 个供轮椅老年人使用的无障碍厕位，或设无障碍卫生间。

4 应设 1 个～2 个盥洗盆或盥洗槽龙头。

5.2.9 当居室或居室卫生间未设盥洗设施时，应集中设置盥洗室，并应符合下列规定：

1 盥洗盆或盥洗槽龙头数量应按所服务的老年人床位数测算，每 6 床～8 床设 1 个盥洗盆或盥洗槽龙头。

2 盥洗室与最远居室的距离不应大于 20.00m。

5.2.10 当居室卫生间未设洗浴设施时，应集中设置浴室，并应符合下列规定：

1 浴位数量应按所服务的老年人床位数测算，每 8 床～12 床设 1 个浴位。其中轮椅老年人的专用浴位不应少于总浴位数的 30%，且不应少于 1 个。

2 浴室内应配备助浴设施，并应留有助浴空间。

3 浴室应附设无障碍厕位，无障碍盥洗盆或盥洗槽，并应附设更衣空间。

三、无障碍卫浴专用配件及洁具

（一）无障碍卫生间安全抓杆及设施

1. 卫浴抓杆、扶手及凳（表 3）

无障碍卫浴间抓杆、扶手及凳		表3
洗面器安全抓杆*	洗面器安全抓杆*	坐便器安全抓杆*

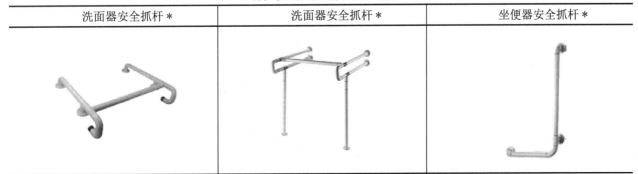

Section1
概论

卫浴设计基础

建筑卫浴设计
相关规范

无障碍卫
浴设计

卫浴设计基
本要素

续表

坐便器安全抓杆 *	坐便器安全抓杆 *	坐便器安全抓杆 *
坐便器安全抓杆 *	立式小便斗安全抓杆 *	壁挂式小便斗安全抓杆 *
盆浴安全抓杆 *	盆浴安全抓杆 *	盆浴安全抓杆 *
盆浴安全抓杆 *	盆浴安全抓杆 *	浴缸搭凳
淋浴扶手 *	淋浴扶手 *	淋浴坐凳

* 本章所有带 * 号的资料均由广东坚朗五金制品股份有限公司提供。

2. 辅助绳梯（图11）：厕所墙体强度不足以装设扶手时，可以在楼板设置悬挂辅助绳梯。轮椅使用者双手抓住辅助绳梯横杆用力站起来，可以很方便地转身，调整身位使用坐便器。辅助绳梯支点承载力不小于 1.5kN。

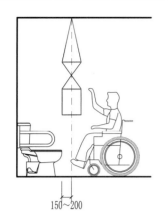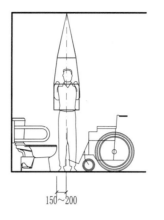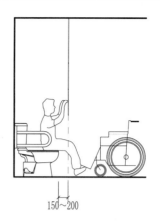

150～200　　　150～200　　　150～200

图 11　辅助绳梯

Section1
概论

卫浴设计基础

建筑卫浴设计
相关规范

无障碍卫
浴设计

卫浴设计基
本要素

（二）无障碍卫浴专用洁具

1. 步入式浴缸

步入式浴缸是专为行动障碍者设计，步入后进行洗浴的洁具。使用者进出浴缸方便，在国外深受消费者欢迎。国内市场也已有销售。步入式浴缸大部分是坐泡式浴缸，使用者拉门进入浴缸，关门后旋转门把手即可放水洗浴，滴水不漏。浴毕放完水后旋转门把手，推门即可方便走出浴缸。

2. 无障碍专用坐便器

无障碍专用坐便器（图 12）是在坐便器上带有扶手等无障碍设施的洁具，方便残障人士使用。

图 13　行动不便人士专用坐便器

图 12　无障碍专用坐便器

3. 行动不方便人士专用坐便器

行动不方便人士专用坐便器（图 13）是为满足无法使用正常坐便器的老弱病残等人士所采用的座椅式的卫生器具。

4. 座式淋浴器

座式淋浴器（图 14）是行动不便人士采用座椅形式进行淋浴的淋浴方式，除了手执淋浴花洒外，还有一对淋浴杆，通过控制淋浴杆可调整杆上喷孔的角度。座式淋浴器在国内大部分地区使用时需增设软水装置。

图 14　座式淋浴器

第四节 卫浴设计基本要素

一、人机工程学与卫浴空间尺寸

人机工程学的名称来源于希腊文，是由波兰教授雅斯特莱鲍夫斯基于1857年提出的。人体尺度是人机工程学研究的最基本的数据之一，是通过研究为设计提供合理的设计尺度的依据。设计为人服务，室内空间设计要充分考虑人的使用舒适度和合理性，就必须要满足人体基本尺度的要求。

1. 洗脸行为基本尺寸（图15）

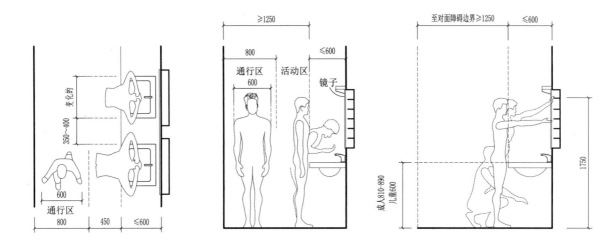

图15　洗脸行为基本尺寸

图片出处：参考《室内设计资料集》张绮曼　郑曙旸主编　中国建筑工业出版社

《建筑设计资料集（第三版）第1分册　建筑总论》中国建筑工业出版社

2. 使用卫生洁具行为基本尺寸（图16）

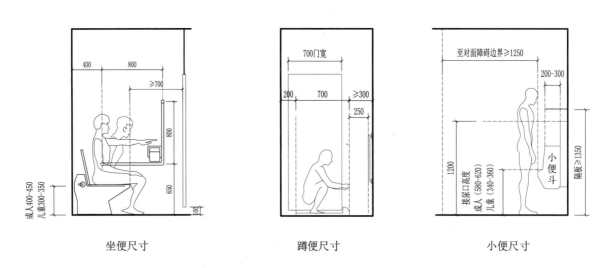

坐便尺寸　　　　　　　　　蹲便尺寸　　　　　　　　　小便尺寸

图16　使用卫生洁具行为基本尺寸

图片出处：《建筑设计资料集（第三版）第1分册　建筑总论》中国建筑工业出版社

3. 盆浴行为基本尺寸（图17）

Section1
概论

卫浴设计基础

建筑卫浴设计
相关规范

无障碍卫
浴设计

卫浴设计基
本要素

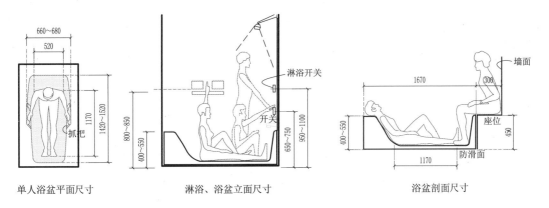

单人浴盆平面尺寸　　　　淋浴、浴盆立面尺寸　　　　浴盆剖面尺寸

图17　盆浴行为基本尺寸

图片出处：参考《室内设计资料集》张绮曼　郑曙旸主编　中国建筑工业出版社

4. 淋浴行为空间基本尺寸（图18）

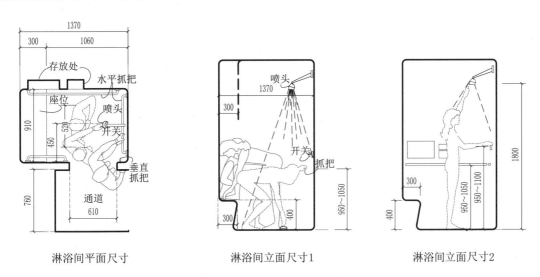

淋浴间平面尺寸　　　　淋浴间立面尺寸1　　　　淋浴间立面尺寸2

图18　淋浴行为空间基本尺寸

图片出处：参考《室内设计资料集》张绮曼　郑曙旸主编　中国建筑工业出版社
《建筑设计资料集（第三版）第1分册　建筑总论》中国建筑工业出版社

二、卫生洁具

卫生洁具是在建筑物内，供人们进行便溺、盥洗、洗浴等活动的专用房间配备的卫生设施。卫生洁具的功能有排解功能、化妆功能、洗浴功能、健康护理功能、人性化无障碍功能。

（一）大便器

1. 坐便器

（1）坐便器综述：坐便器俗称马桶，是人体以坐姿排便为特点的卫生器具。坐便器的使用方便了老人、孕妇及肢体残障者。

（2）坐便器分类

1）按款式分：

a. 分体坐便器：水箱与便体分为两部分组成的坐便器。分体坐便器有普通分体坐便器，有水箱可补水吸收坐便器、冲水阀分体式坐便器等。分体坐便器的特点是价格较便宜、运输方便、维修简单，缺点是造型选择少，不易清理（表4）。

b. 连体坐便器：水箱与便体一体成型的坐便器。连体坐便器有普通手动连体坐便器、全自动智能坐便器及遥控感应坐便器等（表4）。连体坐便器的特点是造型变化多、安装方便、便于清洁，缺点是生产成本高，价格比分体坐便器高。

坐便器款式分类表	表 4
普通分体坐便器 *	普通手动连体坐便器 *

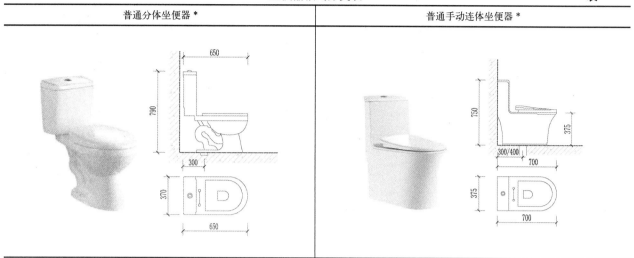

Section1
概论

卫浴设计基础

建筑卫浴设计
相关规范

无障碍卫
浴设计

卫浴设计基
本要素

2）按排污方式分：

a. 后排污式坐便器：排污口在坐便器后方，在墙体预留排污口。后排污式坐便器排污口距地面有高位、低位两种尺寸。

b. 下排污式坐便器：排污口在坐便器下方，连接地面预留的排污口。下排污式坐便器排污口距墙有300（350）mm、400（450）mm等尺寸。

3）按冲洗方式分：

a. 冲落式（直冲式）坐便器：在便体内沿布有冲水口，主要靠冲水时的水压将污物排净。此种坐便器的特点是冲水管路简单，排污速度快，在冲刷过程中不容易造成堵塞。缺点是冲水声大，存水面较小，易出现结垢现象，防臭功能较差，市场可选择品种少。

b. 虹吸式坐便器：在便体内沿均匀分布有一圈冲水口，冲水时主要靠水流形成漩涡式下落，利用水的负压力将污物排净。此种坐便器的特点是冲水噪声小，排污效果较好，防臭功能较强，缺点是用水量较大。

4）按安装方式分：

a. 落地式坐便器：在地面上安装的普通坐便器。落地式坐便器的特点是易于安装，缺点是地面安装不利于卫生间清洁，容易滋生细菌。

b. 壁挂式坐便器（图19）：采用壁挂方式安装在墙面上的坐便器。壁挂式坐便器的特点是采用隐蔽式水箱，节省空间，直冲式冲水，更加省水，清理方便。缺点是水箱嵌墙安装，质量要求高，水箱与便体分开购买，价格较贵。

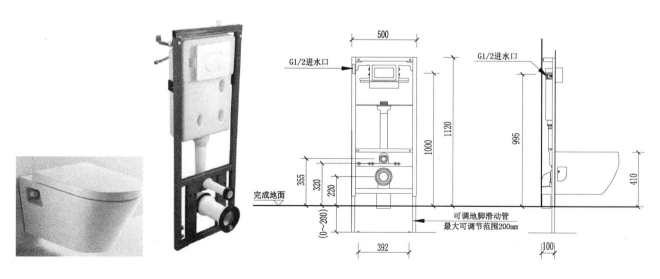

图19　壁挂式暗水箱坐便器 *

第一章　概论

5）按功能分：普通坐便器和智能坐便器

智能坐便器（图20）是利用智能控制自动完成冲洗、清洗等功能的坐便器。其特点是自动冲洗，可避免细菌滋生，方便行动不便者使用。缺点是价格较贵，需要预留电源。

图20　智能坐便器 *

（3）坐便器选用要点

1）坐便器的选择应该根据自己的实际情况和个人爱好确定购买坐便器的款式。

2）选择坐便器时要注意坐便器的冲水方式和耗水量。坐便器的冲水方式常见的有直冲式和虹吸式两种。一般来说，直冲式的坐便器冲水噪声大，易返味。虹吸式坐便器属于静音坐便器，水封较高，不易返味。

3）了解自己卫生间坐便器的排水方式是横排入墙还是下排入地。下排水坐便器一定要明确墙距（坐便器下水中心线距完成墙面的距离）；横排水坐便器，一定要明确地距（坐便器后排水口中心线距完成地面的距离）。在选择好坐便器后，与其配套使用的水箱进水管及角阀一同配套购买。

2. 蹲便器

（1）蹲便器综述：人体以蹲姿排便的卫生器具。蹲姿排便符合人的生理结构（图21），使用者和便器没有直接接触，避免了交叉感染，比较卫生。缺点是蹲姿排便蹲久了会压迫大腿和小腿神经，血流不畅，引起腿部麻痹头晕，不利用于老年人、孕妇、肢体残障者使用。

（2）蹲便器分类

1）按用水量分

普通型：普通型双冲式蹲便器的全冲水量最大限定值不应大于8.0L。

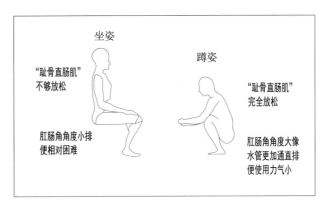

图21　坐姿与蹲姿排便示意图

节水型：节水型双冲式蹲便器全冲水量最大限定值不应大于 7.0L。

2）按用途分：成人型、幼儿型。市场常见成人型蹲便器尺寸为长 610mm、宽 270mm，儿童型蹲便器尺寸为长 480mm、宽 220mm。

3）按蹲便器前端有无遮挡分：有遮挡蹲便器（图22）和无遮挡蹲便器（图23）。

图22　有遮挡蹲便器 *

图23　无遮挡蹲便器 *

4）按结构分：蹲便器结构整体带返水弯和结构整体不带返水弯的两种。

a. 结构整体带返水弯的蹲便器（图24）

卫浴设计

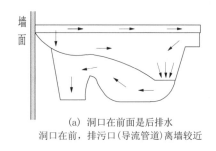 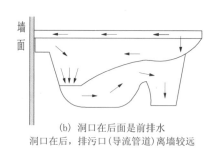

(a) 洞口在前面是后排水　　　　　　　　　　　(b) 洞口在后面是前排水

洞口在前，排污口(导流管道)离墙较近　　　洞口在后，排污口(导流管道)离墙较远

图 24　结构整体带返水弯的蹲便器

b. 结构整体不带返水弯的蹲便器（图 25）

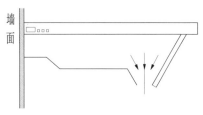 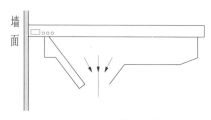

(a) 洞口在前面，排污口(导流管道)离墙较近　　　(b) 洞口在后，排污口(导流管道)离墙较远

图 25　结构整体不带返水弯的蹲便器

5）按冲水类型分（表 5）

a. 冲水阀蹲便器：冲水阀蹲便器根据冲水阀形式可分为手动、脚踏冲水阀蹲便器和自动感应式冲水阀蹲便器。

b. 水箱蹲便器：水箱式蹲便器根据水箱位置的高低可分为高水箱式和中水箱式。

（3）蹲便器选用要点

1）蹲便器选用时应先确定蹲便器的坑距，即下水管中心至完成墙的距离，根据蹲坑距离选择合适的蹲便器。

2）选用蹲便器时，要确定蹲便器整体是否自带返水弯。

3）蹲便器的选择要与建筑降板高度或新砌蹲便安装地台高度一致。

（4）蹲便器人性化改进产品

翻盖式蹲便器可防止儿童脚踩到存水弯里，拔不出来，蹲坑可以放心用作淋浴间。蹲便还可以加坐便圈，方便使用（图 26）。

不同冲水类型蹲便器　　　　　　　　　　表 5

脚踏冲水阀蹲便器	自动感应冲水阀蹲便器	水箱式蹲便器

Section1
概论

卫浴设计基础

建筑卫浴设计
相关规范

无障碍卫
浴设计

卫浴设计基
本要素

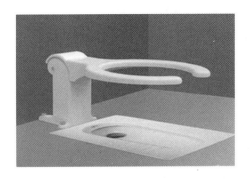

图26 蹲便器人性化改进产品

Section1
概论

卫浴设计基础

建筑卫浴设计
相关规范

无障碍卫
浴设计

卫浴设计基
本要素

（二）小便器（斗）

1.小便器综述：男士专用的便溺器。小便器多用于公共建筑的卫生间。现在有些家庭的卫浴间也有装小便器的。

2.小便器分类

（1）按安装方式分：可分为壁挂式小便斗和落地式小便斗（表6）。

不同安装方式小便斗   表6

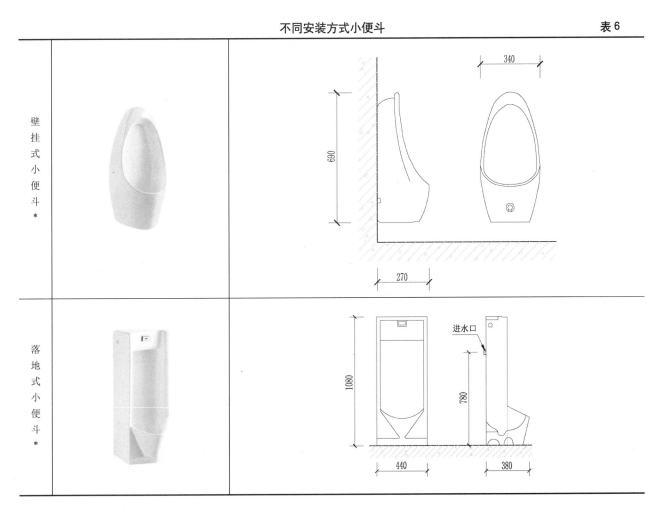

（2）按冲水方式分：手动冲水阀小便斗（图27）和感应式冲水阀小便斗（图28）。感应式冲水阀又可分为明装感应式冲水阀和暗装感应式冲水阀。明装感应式冲水阀安装方便，适用于改装工程；暗装感应式冲水阀外观典雅，安装较复杂，适用于新建工程。

27

Section1
概论

卫浴设计基础

建筑卫浴设计
相关规范

无障碍卫
浴设计

卫浴设计基
本要素

图 27　手动冲水阀小便斗 *

图 28　感应冲水阀小便斗 *

（3）按用水量分：普通型小便斗、节水型小便斗、无水型小便斗。

（4）按排水方式分：地排水小便斗和墙排水小便斗。地排水的安装要注意排水口的高度；壁挂式墙排水小便斗不仅要注意排水口的高度，还要在贴墙砖时按小便斗的尺寸来预留进出水口。

3. 小便斗选用要点

（1）规格选购：用冲洗阀的小便器进水口中心至完成墙的距离应不小于 60mm，任何部位的坯体厚度应不小于 6mm 水封深度，所有带整体存水弯卫生陶瓷的水封深度不得小于 50mm。

（2）是否易清洗：仔细观察表面，在灯光下看是否泛光，再用手摸一下表面，应光洁、平滑、色泽晶莹；没有明显的针眼、缺釉和裂缝；轻击表面，声音清脆悦耳，无破裂声，外形无变形等。

（3）现场试水：选购时，可在现场试水，看冲刷速度及干净程度。

（三）洗面器（洗面盆）

1. 洗面器综述：供洗脸、洗手用的卫生设备。洗面器（wash-basin）在当代的同义词是洗面盆。

2. 洗面器分类：

（1）按材质分：

1）陶瓷盆：用瓷土等原材料经过高温烧制成型的面盆。

2）玻璃盆：用钢化玻璃作为原材料经过加工成型的面盆，多为台面盆体成套出售。

3）铸铁搪瓷盆：用铸铁作为原材料经过锻造成型，表面附有一层搪瓷釉面的面盆，特点是使用寿命长。

4）亚克力盆：一种化学合成材料经过加工成型，多为盆体与台面一次成型，主要用于浴室柜台面。

5）人造大理石及人造玛瑙洗面器。

（2）按安装方式分：

1）化妆台板盆（表 7）：

化妆台板盆分类	表 7
台上盆	台下盆

台盆一体洗面盆	桌上式洗面盆
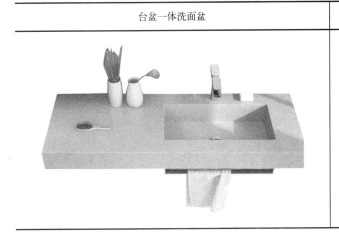	

Section1
概论

卫浴设计基础

建筑卫浴设计
相关规范

无障碍卫
浴设计

卫浴设计基
本要素

① 台上盆：安装在台面上，盆体上沿在台面上
方的面盆。

② 台下盆：安装在台面上，盆体上沿在台面下
方的面盆。

③ 台盆一体洗面盆：台盆和台面使用同一种材
质，如玻璃、亚克力、陶瓷等。

④ 桌上式洗面盆：洗面盆放置在台面上，与台
面成为两个相互独立的个体。

2）壁挂式洗面盆（图29）

采用壁挂方式安装在墙面上的洗面盆。

图29　壁挂式洗面盆

3）立柱式洗面盆（图30）

不需安装台面，面盆下方靠柱体支撑的面盆。

（3）按排水方式分：

按排水方式可分为地排水（图31、图33）和墙

排水两种方式（图32、图34）。

图30　立柱式洗面盆*

图31　地排水*

图32　墙排水*

Section1
概论

卫浴设计基础

建筑卫浴设计
相关规范

无障碍卫
浴设计

卫浴设计基
本要素

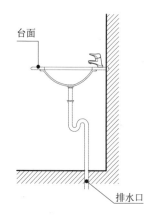

图 33　洗面盆 S 弯下水（地排）

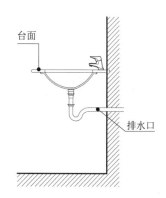

图 34　洗面盆 P 形弯下水（墙排）

3. 洗面器选购要点

（1）整体空间来搭配。洗面盆的选择要根据卫生间面积的实际情况来选择面盆的规格和款式。面积较小的卫生间一般选用柱盆，其造型美观、占地面积小，便于维修；面积较大的卫生间，可以根据个人喜好选用不同款式的洗面盆。

（2）高度深度要实用。洗面盆距离地面高度要适宜，一般为 80 ～ 85cm。此外，还要考虑面盆的使用者，是儿童还是老人或残障人士，特定的使用者需要设定特殊的安装高度。

（3）安装方式需明确。选用面盆时，应该注意产品的安装要求。一般来说，面盆的排水方式会根据卫生间上下水的位置来确定，最好事先和设计师及施工人员沟通，确定好排水方式后，再选定面盆形式。

（4）表面质量要确定。洗面盆的种类繁多，选购时，对洗面盆的要求是表面光滑、不透水、耐腐蚀、耐冷热、易于清洗、经久耐用。

（5）配套设施要匹配。在选择水龙头时，要注意水龙头的款式和风格与洗面盆相协调，要明确水龙头等配套设施的位置。

（四）淋浴房

1. 淋浴房综述：淋浴房即淋浴隔间，是利用室内一角将淋浴范围清晰地划分出来，形成相对独立的洗浴空间。

淋浴房的特点：

（1）淋浴房可以创造出一个相对独立的洗浴空间，避免相互影响，方便日常生活。

（2）对于卫生间较小的空间，淋浴房可以节省空间。

（3）淋浴房可以避免水溅到外面，做到干湿分离。

（4）淋浴房能够聚集水汽，起到保温作用。

（5）淋浴房造型丰富、色彩鲜艳，除了具有洗浴功能外，还有装饰作用。

2. 淋浴房分类：

（1）按功能分（图 36）：

1）整体淋浴房：整体淋浴房功能较多，价格较高。带蒸汽功能的整体淋浴房又叫蒸汽房，需要注意的是心脏病、高血压病人和小孩不能单独使用蒸汽房。

2）简易淋浴房：一般又称普通型淋浴房。简易淋浴房没有"顶盖"，用钢化玻璃或有机玻璃板作为浴房隔断（其安装示意见图 35）。淋浴房按其外形大致可分为曲线形、钻石形、圆弧形等造型。底部大多安装有亚克力淋浴底盘，或直接利用浴室地面，用石材做一围合的挡水，上面再立玻璃隔断。简易淋浴房的特点是节省空间，适合卫生间较小的户型使用。

3）智能淋浴房

智能淋浴房是集普通淋浴房和浴缸功能于一体，主要有蒸桑拿、按摩、淋浴、泡浴等功能。

（2）按淋浴房门的开启方式分：

1）推拉门型淋浴房（图 37、图 39）：在外力的作用下，淋浴房门通过滑轮在轨道上滑动，或沿着直线、弧线滑动。

2）平开门型淋浴房（图 38、图 40）：在外力的作用下，淋浴房门通过合页铰链或者转轴沿着固定轴旋转开启。

Section1
概论

卫浴设计基础

建筑卫浴设计
相关规范

无障碍卫
浴设计

卫浴设计基
本要素

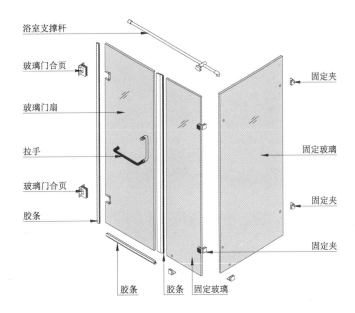

浴室支撑杆

玻璃门合页

玻璃门扇

拉手

玻璃门合页

胶条

胶条　　胶条　固定玻璃

固定夹

固定玻璃

固定夹

固定夹

图 35　简易淋浴房安装示意图 *

整体淋浴房　　　　　　　简易淋浴房 *　　　　　　　智能淋浴房

图 36　淋浴房分类

图 37　推拉门型淋浴房形式 *

图 38　平开门型淋浴房形式 *

Section1
概论

卫浴设计基础

建筑卫浴设计
相关规范

无障碍卫
浴设计

卫浴设计基
本要素

图 39　推拉门型淋浴房 *

图 40　平开门型淋浴房 *

（3）按平面形状分（图 41）：一字形、方形、钻石形、弧形、L 形等；

一字形 *

方形 *

钻石形 *

弧形 *

L 形 *

图 41　不同平面形状淋浴房

3. 淋浴房选购要点

（1）看玻璃：从外观上看，平整光洁、通透偏白色、无热纹为佳，混浊呈现绿黑色或偏蓝色、杂质多、视觉模糊、透明感差为次。然后看玻璃某个角落上是否有烧制上去的 3C 标志及品牌商标，再用手敲击玻璃，发出清脆响声者为佳，响声浑浊闷哑为次。

（2）看型材：目前型材、五金主要有铝和不锈钢。铝材从外观上看，表面光滑平整度高、切口平整、色泽柔和饱满为佳，表面多沙眼、针孔及线条、色泽偏暗和黑者为次；用手指抓压端口，快速回位，手感重者为佳，极易变形且不能复位，手感轻者为次；壁厚 1.2 ～ 4.0mm 之间为佳，1.2mm 以下为次。不锈钢从外观看，表面平整、无波浪纹、具有镜面效果为佳，表面处理模糊不清、有波浪纹、色泽暗且黑者为次；用手摸光滑、平整、不刮手为佳，手感粗糙、涩手、刮手者为次；确定材质之后还要重点看镀层，镀层发亮、有润泽感、表面平整者为佳，镀层光泽暗淡，细看有波浪状，表面有凹陷、划痕者为次。

（3）看五金：市面上五金配件主要有不锈钢精抛、钛合金、铜铬、铝合金镀铬、铁质镀铬、塑料等种类。其中，最好的材质是不锈钢精抛，最次的是塑料。虽然五金配件只是小件，但消费者仍要注意选择好质量的产品，否则每过一段时间就要对配件进行更换，耗时耗力。

（4）看胶条：密封胶条品质好坏决定着淋浴房的防水性。目前国内最好的是PVC防水胶条，其材质均匀、透光性强、接近透明，手感柔韧、弹性好、耐磨抗腐蚀，挡水性较佳。

（五）浴缸

1.浴缸综述：浴缸是一种供洗澡使用的卫生洁具，通常装置在浴室内。洗浴已成为现代人生活的一部分，人们在紧张工作之后，泡个热水澡享受水的乐趣，还可消除疲劳。浴缸的造型风格不仅多元，且日趋精致，浴缸材质也比以前有了更多的选择。

2.浴缸分类

（1）按功能分：

1）普通型浴缸：仅能满足一般洗浴功能的浴缸（表8）。

2）按摩浴缸：

按摩浴缸（表9、表10）是一种卫浴设备，按摩浴缸的缸壁、缸底分布着喷头，少则两对，多则数十对，缸体内部装有电机，可利用水流来达到舒适怡人的按摩效果。按摩浴缸是一种价格较高的家用电器，它是一个复杂的部品集合体。电机的好坏是选购按摩浴缸的关键，其次要注意售后服务，保障供水排水的顺畅、系统的安全。

按摩浴缸与普通浴缸不同，最好附设淋浴间，在使用按摩浴缸前先行淋浴，洗干净后，再进入按摩浴缸。在按摩浴缸中打肥皂后，如果不把浴缸冲洗干净，皂沫和毛发极易堵塞循环水管。

普通型浴缸分类 表8

普通型浴缸 *	不带裙边浴缸	带裙边浴缸

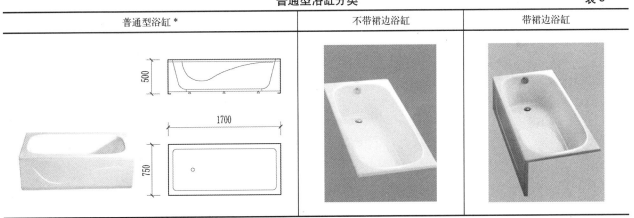

按摩浴缸分类 表9

按摩浴缸（龙头长边侧装）*	按摩浴缸（龙头短边装）	三角形按摩浴缸

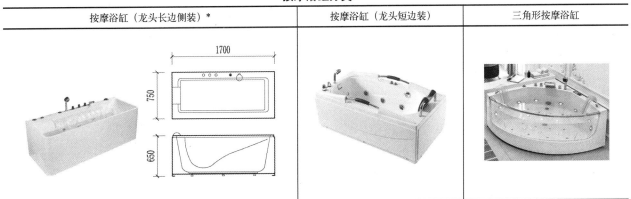

浴缸常用尺寸及接口（mm）					表 10
种类	长度	宽度	高度	排水口尺寸	溢水口尺寸
普通浴缸	1200、1300、1400、1500、1600、1700	700~900	355~518	DN40 或 DN50	DN32 或 DN50
按摩浴缸	1500~1700	800~900	470		

表格选自：《建筑产品选用技术（建筑·装修）》住房和城乡建设部　工程质量安全监管司　中国建筑标准设计研究院 编　中国计划出版社

（2）按材质分（图 42）：

1）铸铁搪瓷浴缸：铸铁浴缸采用铸铁制造，表面覆搪瓷成型。铸铁浴缸的表面都经过高温施釉处理，光滑平整，色泽温润，防污垢，易清洗，耐酸碱及化学品，经久耐用。铸铁浴缸由于浴缸壁厚，所以重量非常大，安装运输很麻烦。使用时不易产生噪声，其突出特点是保温性能好。但颜色及造型比较单一，且铸铁浴缸价格较高。

2）钢板搪瓷浴缸：钢板是制造浴缸的传统材质，由钢板压制成形，外部喷一层搪瓷釉，经高温烧制成形。它具有耐磨、耐热、耐压等特点，表面光滑，抗划伤。缺点是材质较薄，保温性较差，使用时易产生噪声。

3）亚克力浴缸：亚克力浴缸使用人造有机化学合成材料亚克力板材，一般厚度为 8mm，真空吸塑成型。特点是造型丰富、款式多样、重量轻，表面光洁度高，保温性能比金属浴缸好，价格低廉。但由于人造有机材料存在耐高温、耐压、耐磨能力差，表面易老化，划伤易变色的缺点，使用寿命为 15 ~ 20 年。

铸铁搪瓷浴缸

钢板搪瓷浴缸

亚克力浴缸

亚克力合成浴缸

木质浴缸

人造大理石浴缸

图 42　不同材质浴缸

4）亚克力合成浴缸：在原有亚克力材料中加入新型化学材料合成的浴缸，降低了使用噪声，提高了保温性，延长了使用寿命。

5）木质浴缸：木质浴缸一般由耐腐蚀性佳的木材（杉木）制造，表面镀有铜油。这些木材本身能散发香味，材质对身体也有保健作用。木质浴缸给人淳朴自然的感觉，但价格较高，要注意保养，不能让木质浴缸长时间暴晒，要时常浸水，以防止漏水。

6）人造大理石浴缸：以人造大理石为主要原料加工而成的具有大理石纹理的浴缸。

3.浴缸选购要点

（1）眼观

查看物品外层的光泽感，通过观察表面是否足够光洁，从而鉴别其品质的优劣。通常来说，优质的浴缸表面较为光亮，并且使用年限较长；而劣质的产品则寿命短，易老化、变糙等。

（2）耳听

通过拍打浴缸的侧边听其发出的音质来挑选优质的产品。比如，好的亚克力浴缸声音较为浑厚。

（3）手摸

用手触摸浴缸的背部涂层，质量较为劣质的浴缸，手上会沾有白色粉末。另外，也可通过手电筒等强光来照射其背部涂层，查看透光性，易透光的浴缸，说明缸体较薄。

4.浴缸安装（图43）

（1）没有裙边的浴缸用户可根据自己的喜好，在浴室空间允许的情况下，选购适合的浴缸规格尺寸，并配置镶砌自己喜欢的瓷砖。安装时浴缸底部要全面支撑，以保证整个浴缸受力均匀。应预留排水管检修洞，浴缸上沿与台面接触部位要垫平、填实。

（2）有裙边的浴缸具有优美曲线造型，其装饰效果是瓷砖无法比拟的，安装维修容易，搬运移动方便。浴缸长度与墙之间出现一个空位，可以在空位处用砖砌一个平台当作置物台来用。

（3）浴盆周边防水处理：在浴缸台面和侧壁镶砌瓷砖，浴盆与墙之间的缝隙可用硅酮防水胶填补，以做防水处理。

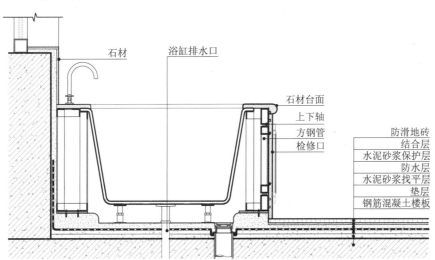

图43　浴缸安装示意图

（六）净身盆

1.净身盆综述

净身盆（图44）是一种针对女性生理结构特征专门设计的洁具产品，供使用者清洁局部下身，所以又叫妇洗器，是提高生活质量的一种洁具产品，也适合下蹲困难的老年人使用。洁具内侧盆沿安装龙头喷嘴，有冷、热水供选择和调节，有直喷和下喷式两

种出水方式。洁具以流水清洗方式避免盆洗的二次污染，改变了人们传统的洁身观念，更有利于女性的身体健康。近年来流行在马桶上加装智能马桶盖替代净身盆（妇洗器）。

2.净身盆分类

按出水方式分：直喷式净身盆和下喷式净身盆两种。

Section1
概论

卫浴设计基础

建筑卫浴设计
相关规范

无障碍卫
浴设计

卫浴设计基
本要素

图44 净身盆

3. 净身盆选购要点

（1）观察洁具表面的光泽度，表面是否有细小黑点，陶瓷表面针孔的大小，以及表面的平滑度。

（2）使用水珠来检查洁具表面排污能力。用手蘸取少量水，将水点到洁具表面，假如水珠像在荷叶上一样汇集起来并顺利滑落，说明洁具表面很光滑。如果将水点到洁具表面，水向洁具表面扩展开来散成一片，则表明洁具表面的光滑度不够。

（3）现场可体验小喷头的喷水速度及力度。

（七）智能马桶盖

1. 智能马桶盖综述

智能马桶盖（图45）是集臀部清洗、女性清洗、暖风烘干、自动除臭、位置调节、水压调节，以及座温、水温、风温调节等常见功能于一体的马桶盖。智能马桶盖是在马桶盖圈上加了微电脑，使其具有加热、温水洗净、暖风干燥、杀菌等多种功能。

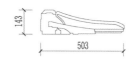

图45 智能马桶盖 *

2. 智能马桶盖与智能马桶的比较

从功能上看，智能马桶盖与智能马桶在清洁、预防细菌感染、预防痔疮、便秘、呵护孕妇、保护肥胖者和老人等功能上相差无几。智能马桶盖除了拥有与智能马桶同样的优势之外，还具有其他优势：

（1）安装方便。专业的安装人员只要几分钟即可完成安装工作，同时易拆卸，免除死角部位清洁的烦恼。

（2）性价比高。同样功能的智能马桶盖比智能马桶便宜，具有明显的价格优势。

（3）适合二次装修使用。用户二次装修时，可以在坐便器上安装智能马桶盖，既节约成本，又避免了原有产品的浪费。

三、卫浴五金及配件

（一）水嘴（水龙头）

1. 水嘴的分类

（1）水嘴按照操作方式可分为机械式和非接触式。机械式水嘴按启闭控制手柄部件数量分为单柄式和双柄式。非接触式水嘴按传感器控制方式可分为反射红外式、遮挡红外式、热释电式、微波反射式、超声波反射式及电磁感应式。

（2）水嘴按供水管路的数量分为单控式和双控制。

（3）水嘴按用途可分为普通水嘴、洗面器水嘴、浴缸水嘴、淋浴水嘴、洗衣机水嘴、净身器水嘴、厨房水嘴及直饮水嘴。

2. 洗面器水嘴（表11）

洗面器水嘴又称面盆龙头，安装于洗面器上，用于开放冷水或热水。洗面器水嘴根据龙头阀门数量及水源控制方式可以分为单柄单控水嘴、单柄双控水嘴和双柄双控水嘴。

单柄单控水嘴是指有一个龙头阀门来控制冷水的水量。单柄双控水嘴是指使用一个龙头阀门来控制冷热水、调节水温及出水量。双柄双控水嘴是指两个不同的龙头阀门分别控制冷水和热水的水量。水嘴根据操作方式可分为感应水嘴和手动控制水嘴。水嘴选用时应注意冷热水标志应清晰、明显，冷水标志在右，用蓝色标记或字母"C"或"冷"字表示，热水标志在左，用红色标记或字母"H"或"热"字表示。

常用洗面器水嘴　　　　　　　表 11

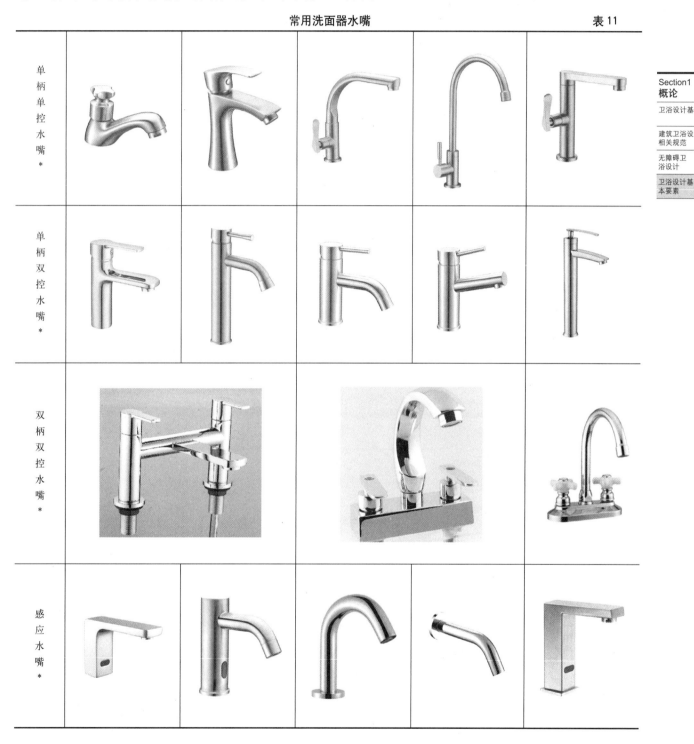

单柄单控水嘴 *				
单柄双控水嘴 *				
双柄双控水嘴 *				
感应水嘴 *				

3. 浴缸水嘴（表 12）

浴缸水嘴又称浴缸龙头，安装于浴缸一边上方，用于开放冷热混合水。浴缸水嘴接冷、热两根管道称为双联式；除接冷、热两根管道外，还在阀体上接有淋浴喷头装置的称为三联式。启闭水流的结构一般为螺旋升降式，通过旋转双柄，分别调节冷、热水的流量来控制混合水的温度。浴缸水嘴多用黄铜制造，外表镀铬，造型要求与卫生间其他配件协调和谐。

常用浴缸水嘴　　　　　表 12

双联式浴缸
水嘴装于浴
缸一边上方

双联式浴缸水
嘴装于墙上

三联式浴缸水
嘴及花洒

续表

落地式浴缸水嘴及花洒*	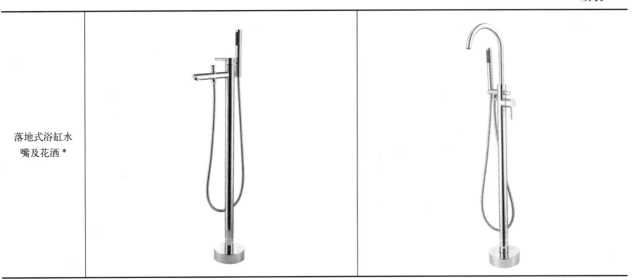	

Section1
概论

卫浴设计基础

建筑卫浴设计
相关规范

无障碍卫
浴设计

卫浴设计基
本要素

（二）淋浴花洒

　　淋浴花洒是一种以淋浴为目的的能使水以小水滴或喷射状发散流出的装置。淋浴花洒包含一个喷头，一个固定或可转动的手柄或软管、流量控制装置等部件。一般分为固定支座型花洒和大升降可旋转型花洒。

　　固定支座型花洒：整个花洒是固定在一个支座上，不能调整花洒的高度或者方向。

　　带升降可旋转型花洒：花洒固定在一个支点上，可以固定花洒，同时也可以调整高度和方向（图46）。

　　另外，淋浴花洒有多种功能形式可供选择，见表13。

图46　固定支座型和带升降可旋转型淋浴花洒

常用淋浴花洒　　　　　　　　　　　　　表13

组合淋浴控制面板	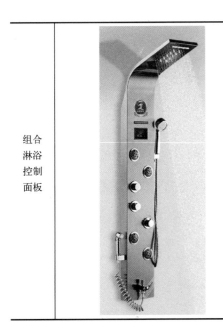		

续表

可调节水量、喷水方式、角度的淋浴花洒	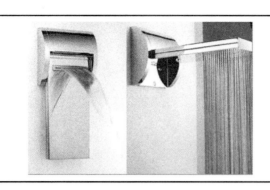	

（三）卫浴五金配件（表14）

卫浴五金配件是指安装于卫生间的毛巾环、毛巾杆、浴巾架、挂钩、洗浴托架、马桶刷、置物架、牙刷漱口杯托、肥皂碟、皂液盒、厕纸巾架等五金配件。合理地运用五金配件不仅方便使用，也可最大限度地节省空间。

卫浴五金配件材质主要有纯铜、不锈钢、铝合金、锌合金。

常用卫浴五金配件　　表14

毛巾环*	毛巾环*	毛巾环*	毛巾杆*
毛巾架*	毛巾架*	毛巾架*	毛巾架*
毛巾架*	毛巾架*	化妆镜*	化妆镜*
挂篮*	挂篮*	挂篮*	置物架*

续表

置物架 *	晾衣器 *	晾衣器 *	手纸盒 *
手纸盒 *	手纸盒 *	手纸盒 *	手纸箱 *
手纸架 *	手纸架 *	挂衣钩 *	挂衣钩 *
挂衣钩 *	挂衣钩 *	挂衣钩 *	单杯托 *
双杯托 *	皂碟 *	皂液器 *	皂篮 *
公厕手纸卷装置	挂墙式擦手纸箱	吹风机	烘手器

Section1
概论

卫浴设计基础

建筑卫浴设计
相关规范

无障碍卫
浴设计

卫浴设计基
本要素

续表

烘手器	婴儿床	婴儿椅	婴儿用更衣台

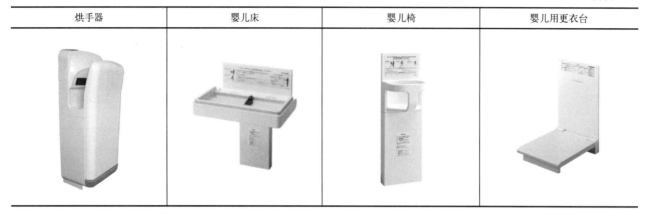

四、卫浴间的装修

（一）卫浴间的环境要求

卫浴间应选择使用方便、位置隐蔽、不影响其他工作或居住房间使用的位置布置。同时，还要综合考虑卫浴间与相关空间的关系，不应直接布置在餐厅、食品加工、食品贮存、医药、医疗、变配电等有严格卫生要求或有防水、防潮要求用房的上层。卫浴间宜设置前室，无前室的卫浴间外门不宜与办公室、居室等房门相对。要做好卫浴间的标识引导，便于寻找。

卫浴间的环境设计宜考虑自然通风和自然采光。当自然通风不能满足要求时，需要增加机械通风。

（二）卫浴间设备系统

1.给排水系统

卫浴间的给水系统可分为冷水和热水系统。冷水给水系统根据水源可以采用自来水和中水系统。热水给水系统根据供热方式分为集中供热系统和自供热水系统。自供热水系统常采用的方式有太阳能热水器、燃气热水器、直热式电热水器及储热式电热水器等。

卫浴间的排水系统根据排水方式可分为墙排水和地排水两种方式。墙排水即后排水，主要采用P形存水弯。地排水即下排水，主要采用S形存水弯。卫浴间的排水根据项目的具体情况也可采用同层排水形式，即器具、排水管和排水支管不穿越本层结构楼板到下层空间，主要适用于重力作用下的生活排水。

2.通风、采暖系统

卫浴间排风系统常采用排风扇、排风口等形式。常用的排风口形式有下排风、侧排风两种方式。在住宅卫浴间中也可采用浴霸排风扇照明一体的形式。

卫浴间采暖可采用暖气系统、热风机等形式，住宅卫浴间中多采用浴霸形式。

（三）卫浴间电气系统

卫浴间的照明设计根据使用要求可采用全面照明和局部照明方式，也可采用直接照明和间接照明相结合。住宅卫浴间照度标准为0.75m水平面，照度标准值100lx；公共建筑卫生间、浴室、盥洗室的普通照明，照度标准为地面照度标准值75lx，高档照明照度标准值150lx。

电气设计点位预留根据功能需要综合考虑，如感应器、雾化玻璃、吹风机、剃须插座、电热宝、电视、洗衣机、智能马桶等，各点位的预留位置高度等细节不仅要满足使用要求，还需要与具体的装饰饰面效果相结合，保证整体的协调统一。

卫浴间灯具的选择可以用Led灯带、防水防雾灯具等。居住空间的卫浴间照明可采用浴霸排风扇照明一体机。

（四）卫浴间装修

1.卫浴间装修设计

公共卫浴间地面应采用防渗。防滑材料，墙面应采用光滑、便于清洗的材料。墙裙、蹲便台面、小便池等应采用光滑，便于冲洗，耐腐蚀，不易附着粪、尿垢的建筑材料。对于一些干湿分区的卫浴间，在湿区应采用防水材料，在干区也可以采用壁纸、木饰面、乳胶漆等材料搭配使用。

卫浴间装修设计时，应注意墙地排砖对缝、感应器与墙面材料的位置等。在设计选材时可根据设计效果，在墙面、地面采用不同材料拼接，满足整体装饰效果。

卫浴间平面布置要考虑结构梁、柱的位置，综合考虑给排水管、排风道的位置，以及墙体的结构构造

形式等，采取合理的平面及装饰方案。

卫生间地漏的做法有线形地漏做法和方形地漏做法。线形地漏及方形地漏的平面布置方式可参照图47、图48。

Section1
概论

卫浴设计基础

建筑卫浴设计
相关规范

无障碍卫
浴设计

卫浴设计基
本要素

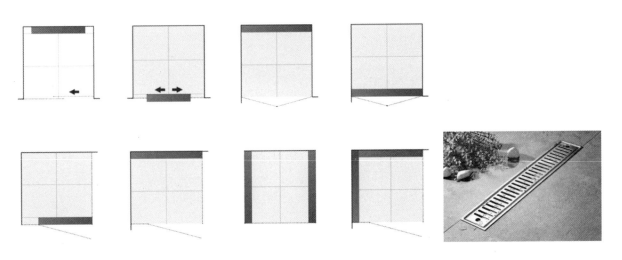

图 47　线形地漏的浴室设计方案 *

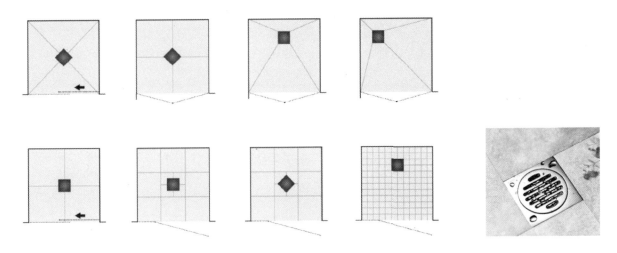

图 48　方形地漏浴室设计方案 *

2. 卫浴间设计技术要求

卫浴间在设计时要考虑后期的维护检修等功能要求，比如浴缸的检修口、吊顶的检修口等。另外，还要注意防水设计要求。不同位置防水的高度要求不同。根据《建筑室内防水工程技术规程》的要求，"厕浴间四周墙根防水层泛水高度不应小于250mm，其他墙面防水以可能溅到水的范围为基准向外延伸不应小于250mm，浴室花洒喷淋的临墙面防水高度不得低于2m。"具体的防水节点可参照卫浴间案例部分

通用节点做法。

卫浴间设计时要综合考虑选材、使用功能、各专业之间的相互协调、装饰效果等因素。卫浴间虽小，但作为建筑设计中不可分割的功能空间，在人们的日常生活中所起的作用却很重要。卫浴间设计的成功与否，直接影响到建筑整体的设计效果及使用功能。

第二章　卫浴设计案例

卫浴设计案例部分主要包括居住建筑、公共建筑及城市公共洗浴与 SPA 三大类。其中，按舒适度分为简易型卫生间（包括经济适用房、保障房卫生间）、舒适型卫生间（包括公寓、商品房卫生间）、豪华型卫生间（包括高级社区、别墅卫生间）；按功能类别分为附属式公共卫生间、独立式公共卫生间（包括度假、商务酒店，办公楼，学校，娱乐空间，会所等卫生间）、行动不便者卫生间和城市洗浴中心、美体休闲 SPA 等。不同类型的卫浴空间分别从概念设计、方案设计、施工图设计三个深度进行设计表达。

本资料集所示设计案例均为企业提供的实际完成的设计项目。这些案例只是抛砖引玉，供设计师、大专院校、施工单位参考使用，在具体项目的设计和实施过程中，还需根据项目的实际情况和业主要求，确定方案定位，做好现场实测，保证设计质量，提高卫生间设计品位。

本资料集中的案例依据《建筑制图标准》GB/T 50104—2010、《房屋建筑制图统一标准》GB/T 50001—2017 及《民用建筑工程室内施工图设计深度图样》06SJ803 的要求进行绘制。图纸中的 ±0.000 为地面装饰完成面标高，平面图中的其他标高为装饰完成面相对于 ±0.000 的标高，顶平面图中的标高为吊顶装饰完成面距本层地面装饰完成面的实际高度。设计标高以米（m）为单位，其他尺寸以毫米（mm）为单位；图中索引所示"参"是指可参见相同的装饰做法，具体尺寸依现场而定。

洗手盆　　　　　　　　　　　坐便器　　　　　　　　　淋浴花洒

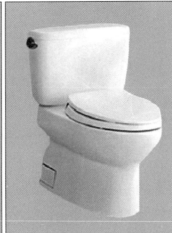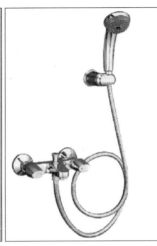

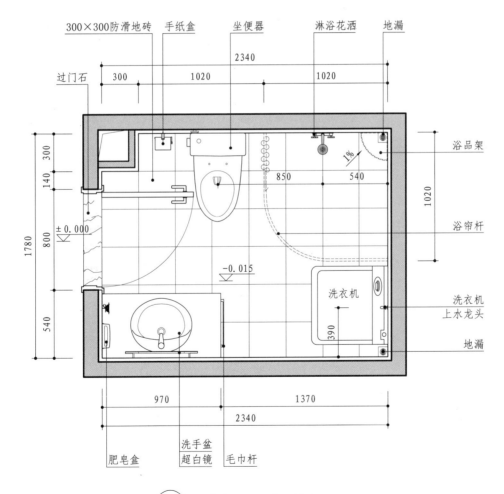

① 卫生间平面布置图

机电图例

防水插座	

卫生间效果示意图

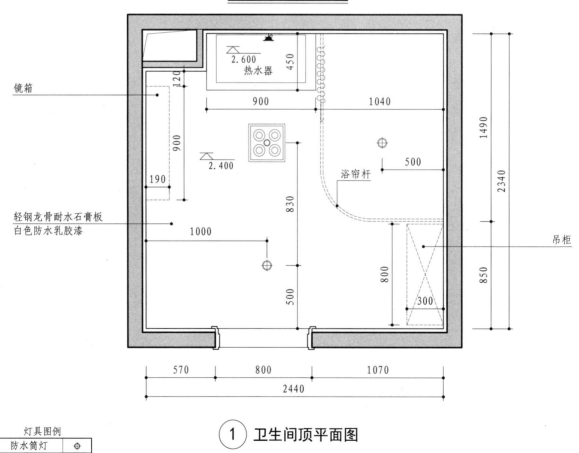

镜箱

轻钢龙骨耐水石膏板
白色防水乳胶漆

2.600
热水器

450

120

900

900

1040

1490

2340

190

浴帘杆

500

2.400

830

1000

500

800

吊柜

850

300

570

800

1070

2440

灯具图例

防水筒灯	⊕
三合一浴霸	⊞

① **卫生间顶平面图**

洗手盆　　　　　　　　　　坐便器　　　　　　淋浴花洒

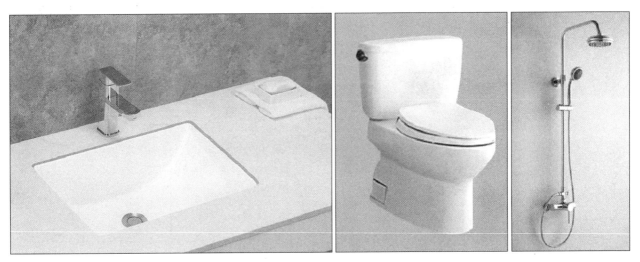

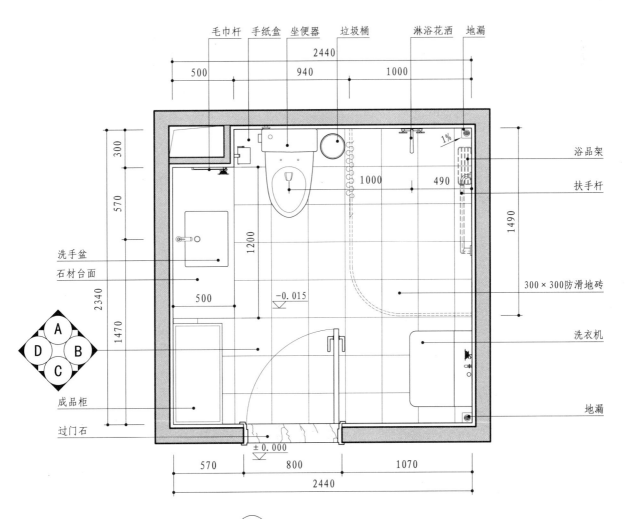

② 卫生间平面布置图

机电图例

防水插座

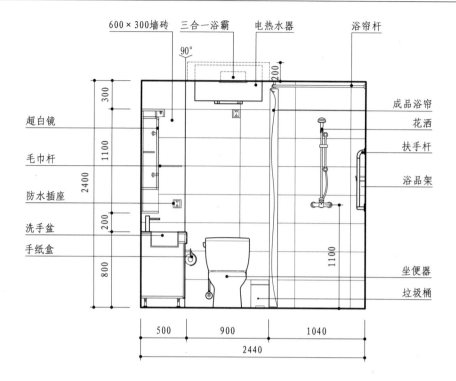

A 立面图

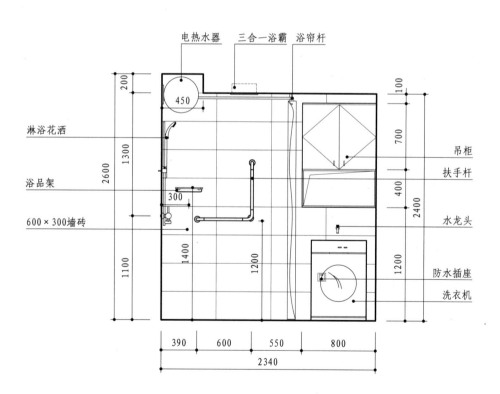

B 立面图

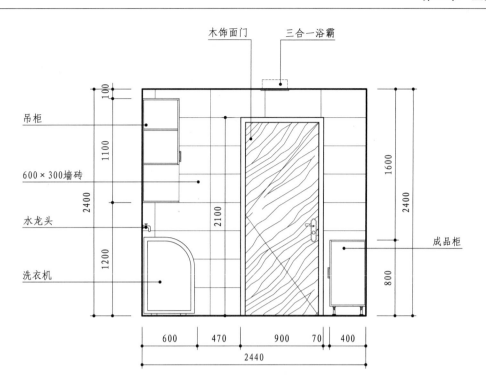

木饰面门　三合一浴霸

吊柜

600×300墙砖

水龙头

洗衣机

成品柜

100
1100
2400
2100
1200
1600
2400
800

600 | 470 | 900 | 70 | 400
2440

Ⓒ 立面图

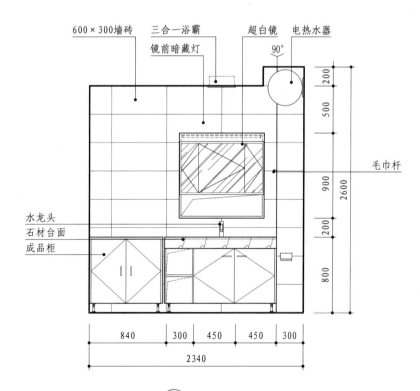

600×300墙砖　三合一浴霸　超白镜　电热水器
镜前暗藏灯

90°

毛巾杆

水龙头
石材台面
成品柜

200
500
900
2600
200
800

840 | 300 | 450 | 450 | 300
2340

Ⓓ 立面图

卫生间效果示意图

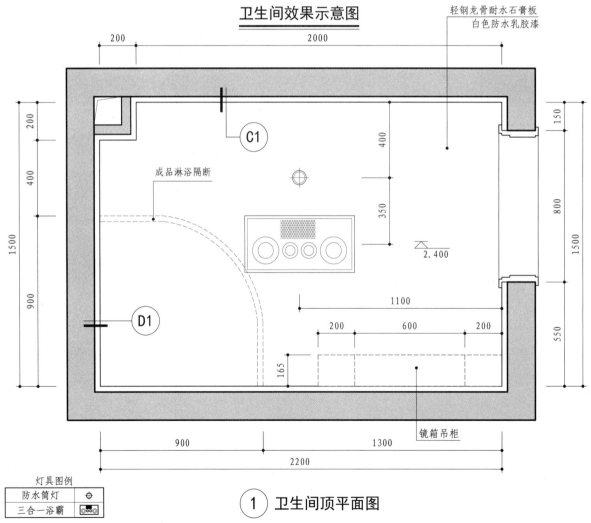

轻钢龙骨耐水石膏板
白色防水乳胶漆

成品淋浴隔断

镜箱吊柜

灯具图例

防水筒灯	⊕
三合一浴霸	

① **卫生间顶平面图**

淋浴花洒　　　　　　坐便器　　　　　　洗手盆组合柜

浴巾架　地漏　　300×300　坐便器　手纸盒　　　　　　过门石
　　　　　　　防滑地砖
　　　　　　　45° 斜铺

200　　　　　　　　　　2000

A
D　B
C

200

400

1500

900

B1

1%

100

700

−0.015

0.035

A1

±0.000

150

800

1500

550

500

50　　390

1%

450

900　　　　　　300　　　　　1000
　　　　　　　2200

成品淋浴隔断
浴品架　　　淋浴花洒　　　毛巾杆　　洗手盆　剃须镜　石材台面

机电图例
防水插座

② 卫生间平面布置图

53

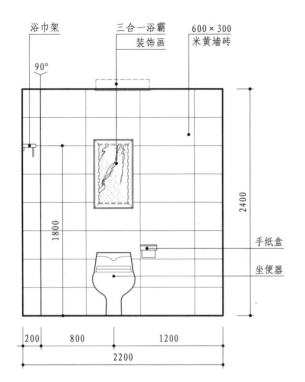

A 立面图

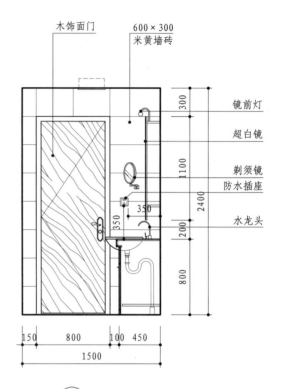

B 立面图

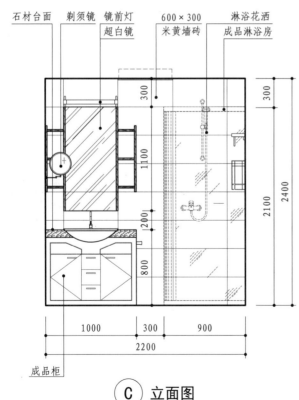

C 立面图

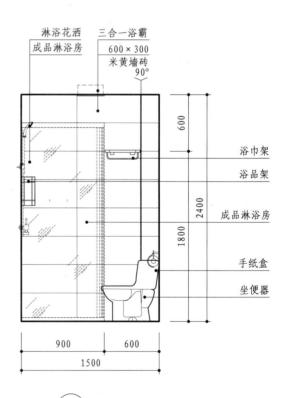

D 立面图

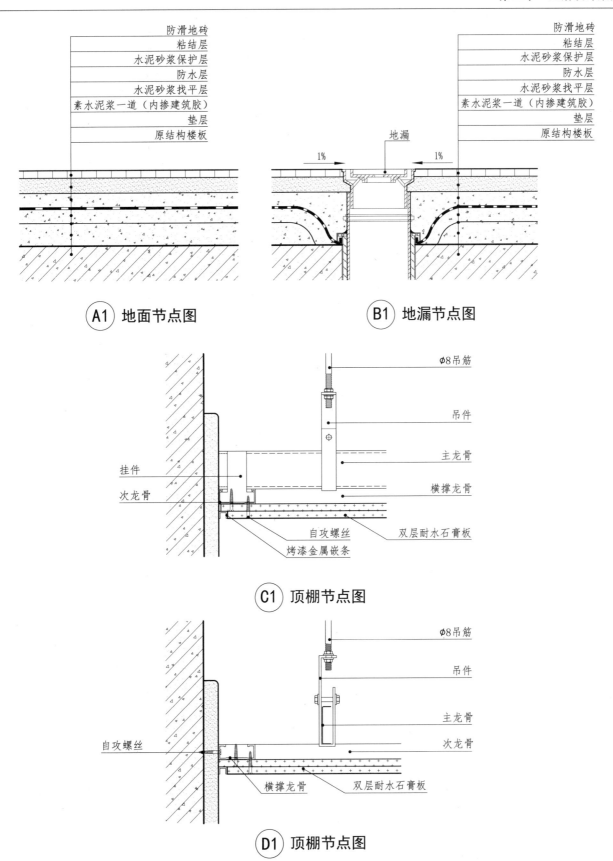

防滑地砖
粘结层
水泥砂浆保护层
防水层
水泥砂浆找平层
素水泥浆一道（内掺建筑胶）
垫层
原结构楼板

防滑地砖
粘结层
水泥砂浆保护层
防水层
水泥砂浆找平层
素水泥浆一道（内掺建筑胶）
垫层
原结构楼板

地漏

1%　　1%

A1　地面节点图　　　　　B1　地漏节点图

φ8吊筋
吊件
主龙骨
横撑龙骨

挂件
次龙骨

自攻螺丝
烤漆金属嵌条
双层耐水石膏板

C1　顶棚节点图

φ8吊筋
吊件
主龙骨
次龙骨

自攻螺丝

横撑龙骨　双层耐水石膏板

D1　顶棚节点图

Section2
卫浴设计
案例

保障房卫生间
概念设计

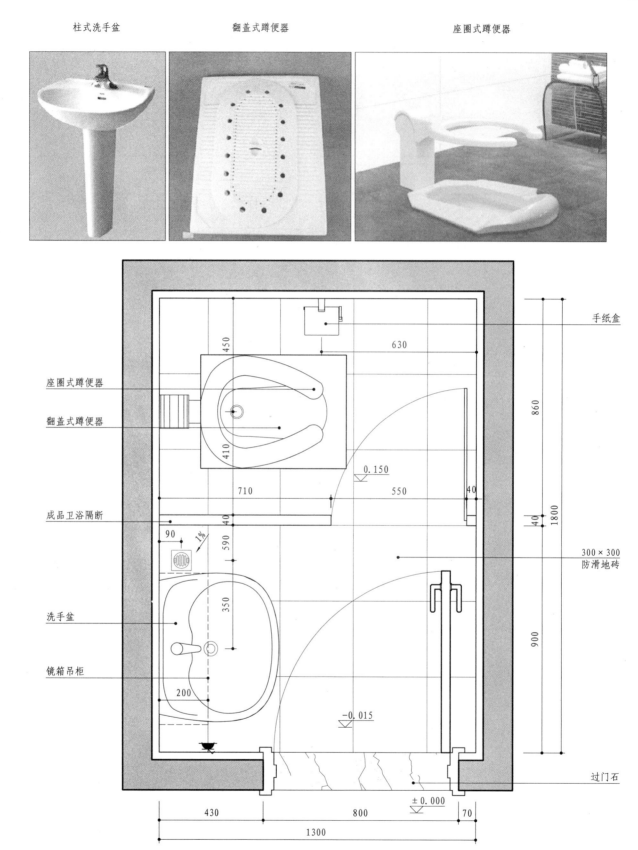

柱式洗手盆　　　　　翻盖式蹲便器　　　　　座圈式蹲便器

座圈式蹲便器

翻盖式蹲便器

成品卫浴隔断

洗手盆

镜箱吊柜

450

630

860

410

0.150

710　　　　　550　　　40

40　　1800

90　　1%

590　40

350

900

300×300
防滑地砖

手纸盒

200

−0.015

过门石

±0.000

430　　　　　　800　　　　70

1300

机电图例

防水插座

① 卫生间平面布置图

卫生间效果示意图

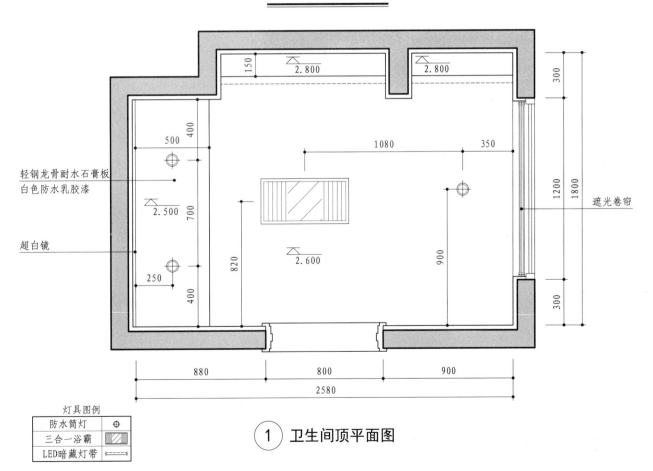

轻钢龙骨耐水石膏板
白色防水乳胶漆

超白镜

遮光卷帘

灯具图例	
防水筒灯	⊕
三合一浴霸	
LED暗藏灯带	

① 卫生间顶平面图

洗手盆　　　　　　　　　　　　坐便器　　　　　　　　　　　　浴缸

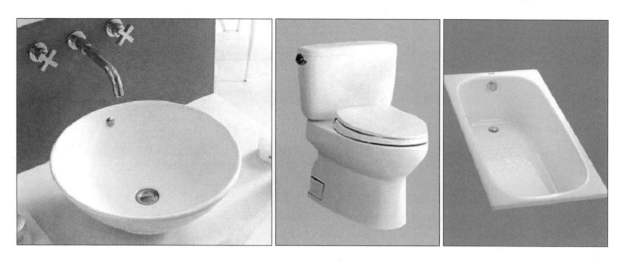

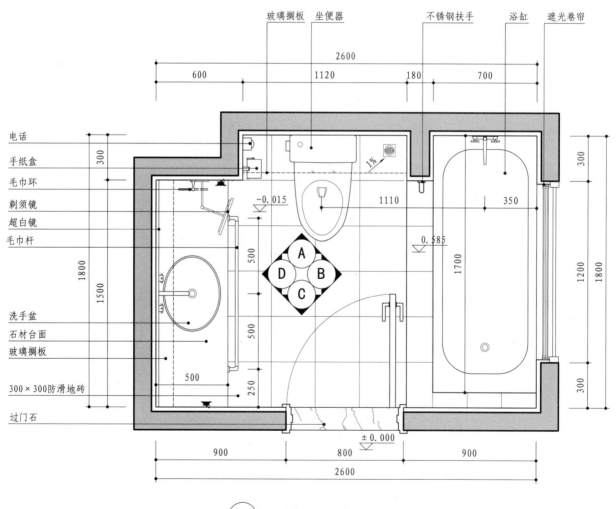

玻璃搁板　坐便器　　　　　不锈钢扶手　　　浴缸　遮光卷帘

电话

手纸盒

毛巾环

剃须镜

超白镜

毛巾杆

洗手盆

石材台面

玻璃搁板

300×300防滑地砖

过门石

机电图例
| 防水插座 | |

2　卫生间平面布置图

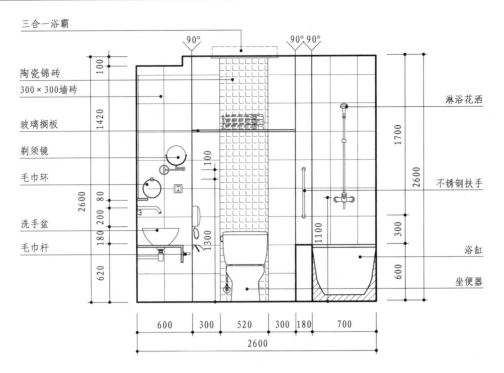

三合一浴霸

陶瓷锦砖

300×300墙砖

玻璃搁板

剃须镜

毛巾环

洗手盆

毛巾杆

淋浴花洒

不锈钢扶手

浴缸

坐便器

90° 90° 90°

100
1420
100
2600
80
180 200 80
1300
620

1700
2600
300
1100
600

600 300 520 300 180 700
2600

Ⓐ 立面图

Section2
卫浴设计
案例

保障房卫生间
方案设计

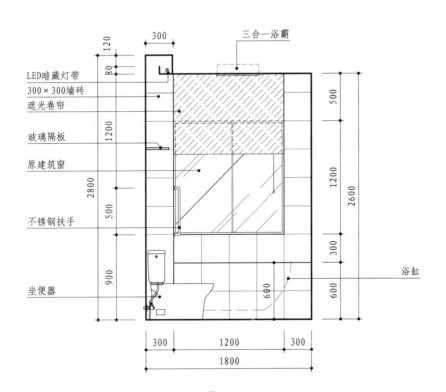

LED暗藏灯带

300×300墙砖

遮光卷帘

玻璃隔板

原建筑窗

不锈钢扶手

坐便器

三合一浴霸

浴缸

120
80
300
1200
2800
500
900

500
1200
2600
300
600
600

300 1200 300
1800

Ⓑ 立面图

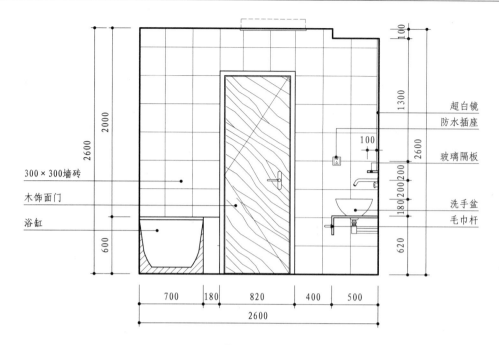

300×300墙砖

木饰面门

浴缸

2600

2000

600

700   180   820   400   500
2600

100

1300

2600

100

180 200 200

620

超白镜

防水插座

玻璃隔板

洗手盆

毛巾杆

C 立面图

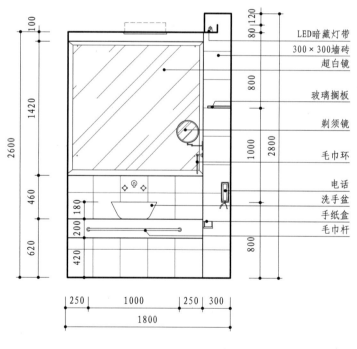

2600

1420

460

620

420

200 180

100

250   1000   250   300
1800

80 120

800

1000

2800

800

LED暗藏灯带

300×300墙砖

超白镜

玻璃搁板

剃须镜

毛巾环

电话

洗手盆

手纸盒

毛巾杆

D 立面图

卫生间效果示意图

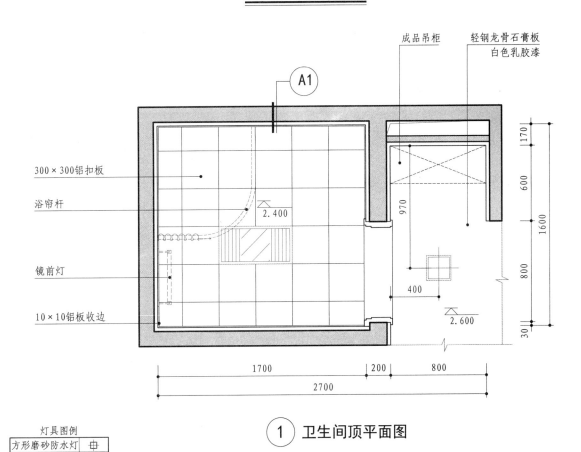

成品吊柜　　轻钢龙骨石膏板
　　　　　　白色乳胶漆

A1

300×300铝扣板

浴帘杆

2.400

镜前灯

10×10铝板收边

170
600
970
1600
800
400
2.600
30

1700　　200　　800

2700

① 卫生间顶平面图

灯具图例

方形磨砂防水灯	⊞
三合一浴霸	▨

61

Section2
卫浴设计
案例

保障房卫生间
施工图设计

洗手盆　　　　　　　　　　淋浴花洒　　　　　坐便器

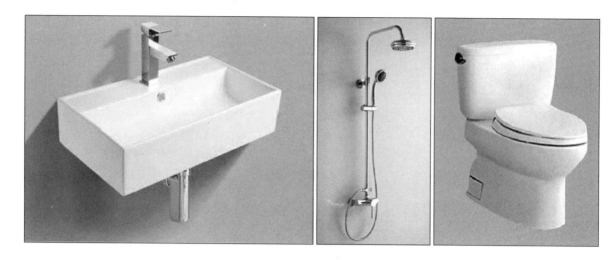

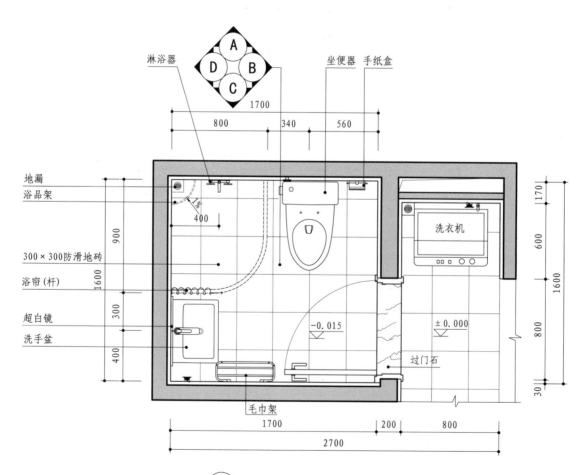

淋浴器　　　　　　　　坐便器　手纸盒

A
D　B
C
1700
800　340　560

地漏
浴品架

300×300防滑地砖

浴帘(杆)

超白镜

洗手盆

900
1600
300
400

400

洗衣机

−0.015

±0.000

过门石

毛巾架

170
600
1600
800
30

1700　200　800
2700

② 卫生间平面布置图

机电图例

防水插座

62

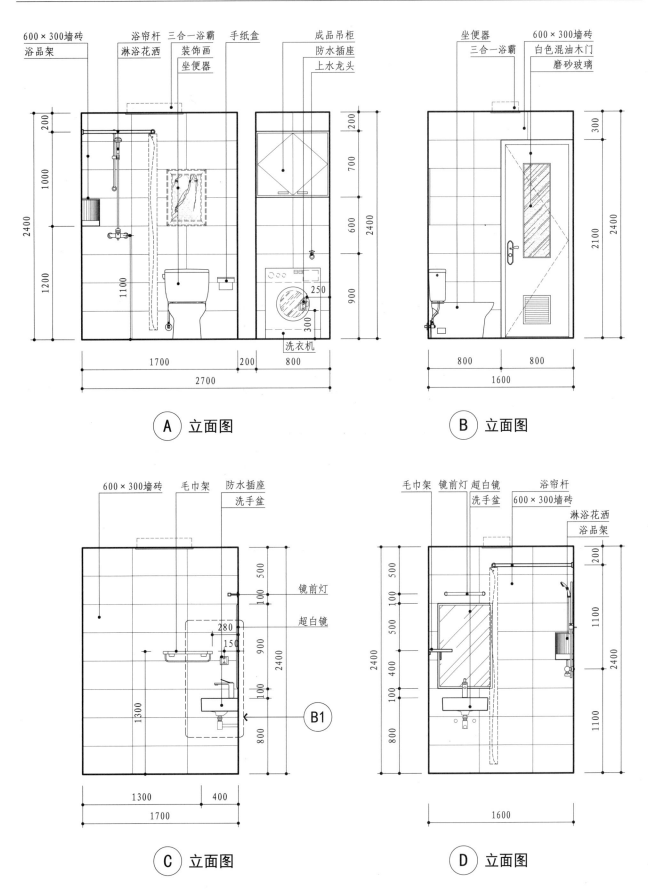

A　立面图

B　立面图

C　立面图

D　立面图

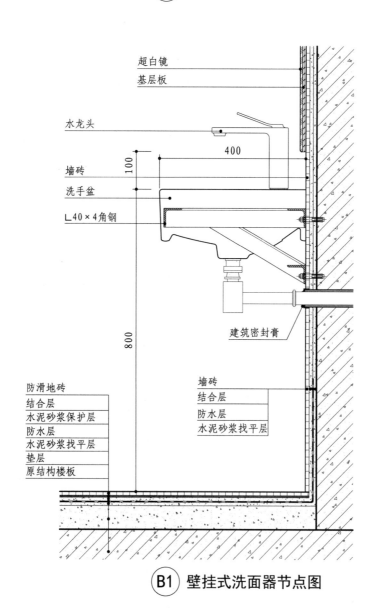

吊杆

上层暗架龙骨

边龙骨　　　　　　铝扣板　下层暗架龙骨

A1 顶棚节点图

超白镜
基层板

水龙头

400

100

墙砖

洗手盆

L40×4角钢

建筑密封膏

800

防滑地砖
结合层
水泥砂浆保护层
防水层
水泥砂浆找平层
垫层
原结构楼板

墙砖
结合层
防水层
水泥砂浆找平层

B1 壁挂式洗面器节点图

坐便器   洗手盆   浴缸

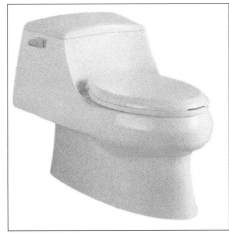  

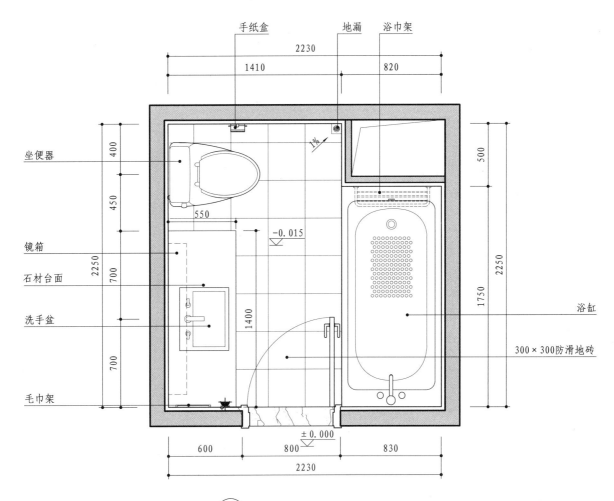

手纸盒   地漏   浴巾架

坐便器

镜箱

石材台面

洗手盆

毛巾架

浴缸

300×300防滑地砖

① 卫生间平面布置图

机电图例

防水插座

卫生间效果示意图

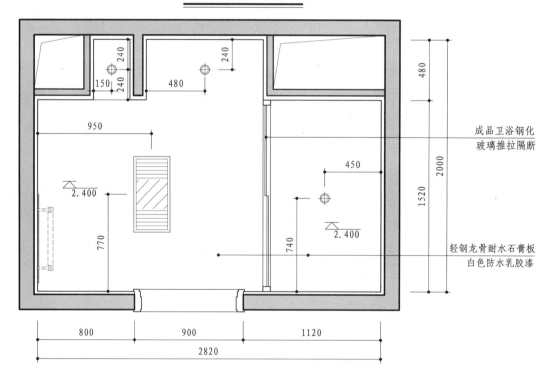

成品卫浴钢化
玻璃推拉隔断

轻钢龙骨耐水石膏板
白色防水乳胶漆

① 卫生间顶平面图

灯具图例

防水筒灯	⊕
三合一浴霸	▨

洗手盆　　　　　　　　　　　坐便器　　　　　　　淋浴花洒

玻璃搁板　手纸盒　坐便器　　地漏

2820

460　　300　140　　480　　　480　　　　960

480

淋浴花洒

洗衣机
洗衣机上水口

成品卫浴钢化
玻璃隔断

A
D 　 B
C

580

-0.015

2000

1520

300×300
防滑地砖

E

100×600
彩色防滑地砖

洗手盆
镜前灯
人造石台面

-0.015

浴巾架

800　　　　　900　　　　　　1120

± 0.000

2820

毛巾环　　　过门石

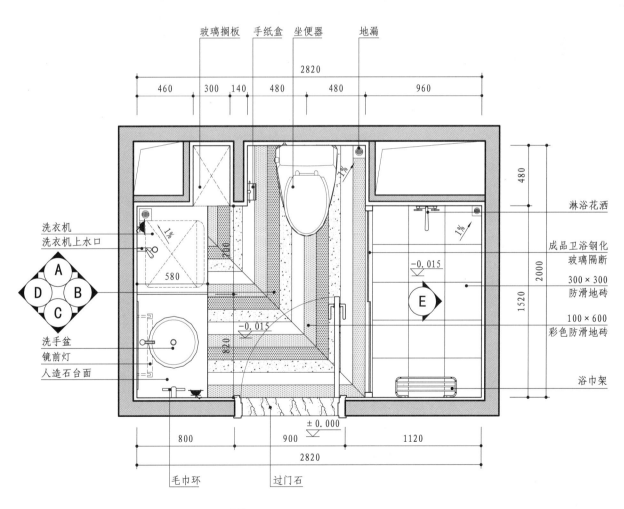

② 卫生间平面布置图

机电图例

防水插座

Section2
**卫浴设计
案例**

公寓舒适型卫
生间方案设计

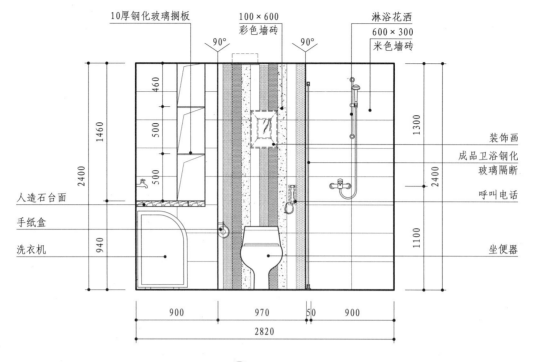

10厚钢化玻璃搁板
100×600 彩色墙砖
淋浴花洒
600×300 米色墙砖

460
1460
500
500
2400
940

人造石台面
手纸盒
洗衣机

90°　90°

1300
2400
1100

装饰画
成品卫浴钢化玻璃隔断
呼叫电话
坐便器

900　970　50　900
2820

Ⓐ 立面图

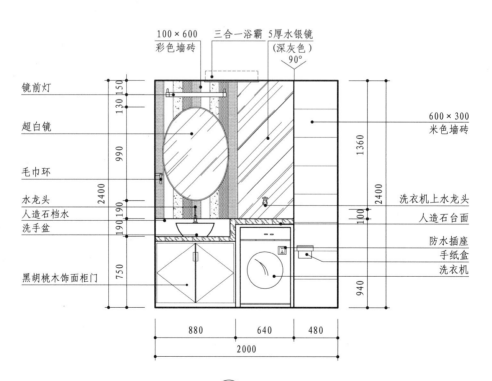

100×600 彩色墙砖
三合一浴霸　5厚水银镜（深灰色）

90°

镜前灯
超白镜
毛巾环
水龙头
人造石档水
洗手盆

130 150
990
2400
190 190
750

黑胡桃木饰面柜门

1360
2400
100
940

600×300 米色墙砖

洗衣机上水龙头
人造石台面
防水插座
手纸盒
洗衣机

880　640　480
2000

Ⓓ 立面图

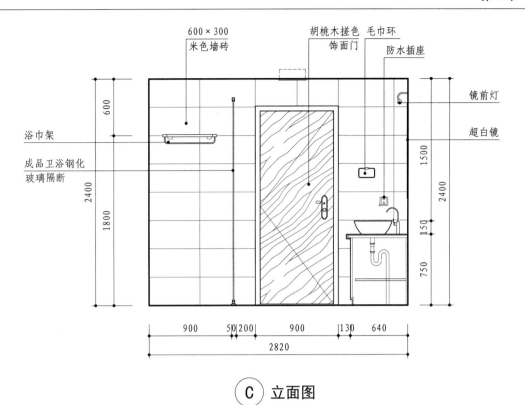

600×300
米色墙砖

胡桃木搓色
饰面门

毛巾环

防水插座

镜前灯

超白镜

浴巾架

成品卫浴钢化
玻璃隔断

600

2400

1800

1500

2400

150

750

900　50 200　900　130　640

2820

Ⓒ 立面图

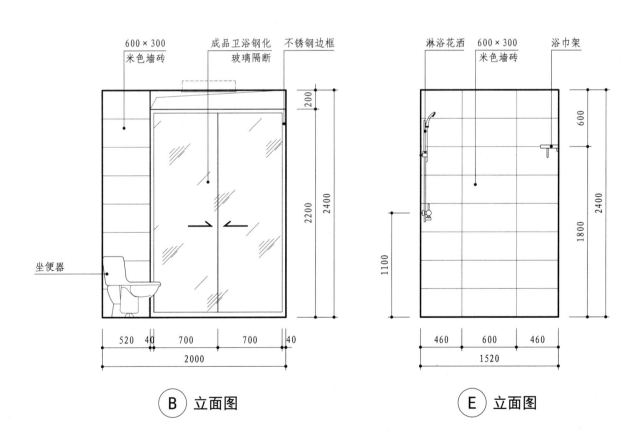

600×300
米色墙砖

成品卫浴钢化
玻璃隔断

不锈钢边框

淋浴花洒

600×300
米色墙砖

浴巾架

200

2200

2400

600

1800

2400

1100

坐便器

520　40　700　700　40

2000

Ⓑ 立面图

460　600　460

1520

Ⓔ 立面图

卫生间效果示意图

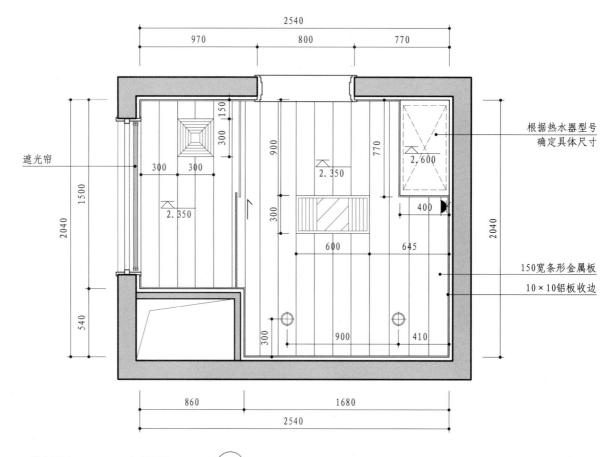

遮光帘

根据热水器型号
确定具体尺寸

150宽条形金属板

10×10铝板收边

（1）卫生间顶平面图

机电图例		灯具图例	
防水插座		防水筒灯	⊕
排风扇		三合一浴霸	

淋浴花洒　　　　　　　　　　洗手盆　　　　　　　　　　坐便器

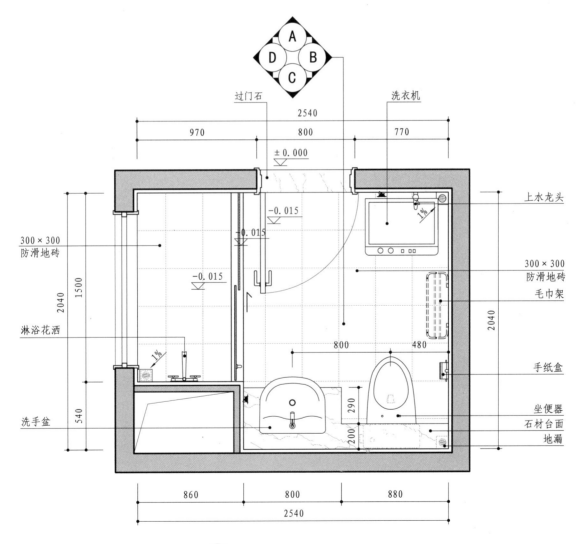

② 卫生间平面布置图

机电图例

| 防水插座 | |

Section2
卫浴设计
案例

公寓舒适型
卫生间施工
图设计

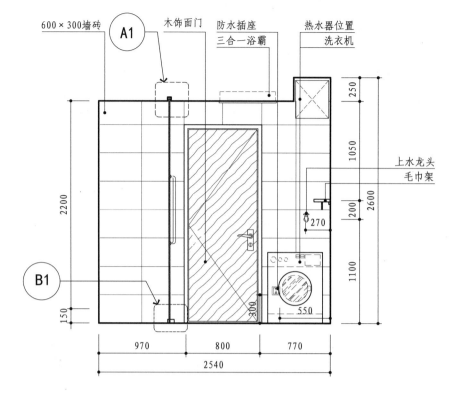

A 立面图

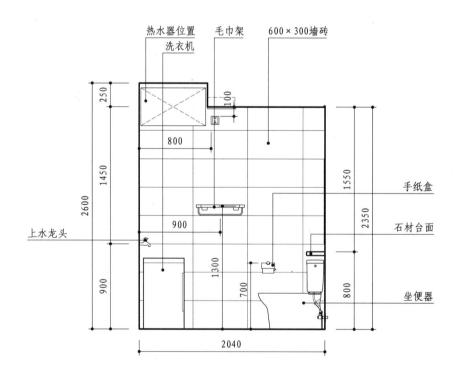

B 立面图

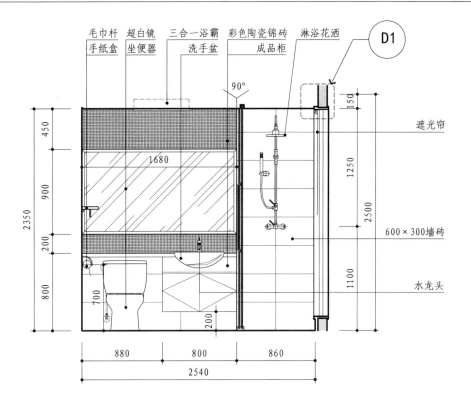

毛巾杆　超白镜　三合一浴霸　彩色陶瓷锦砖　淋浴花洒
手纸盒　坐便器　洗手盆　成品柜

遮光帘

600×300墙砖

水龙头

C　立面图

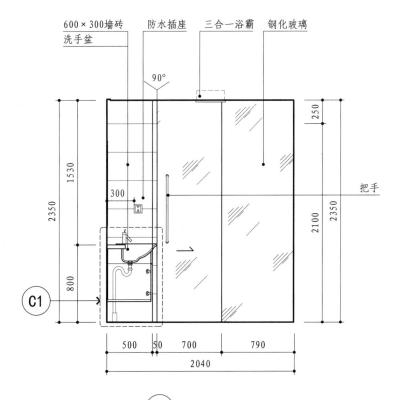

600×300墙砖　防水插座　三合一浴霸　钢化玻璃
洗手盆

把手

D　立面图

Φ8吊筋　　L40×4角钢　　150C轻钢龙骨

L形修边角　　　不锈钢滑轨

150C铝板　　　钢化玻璃隔断

Ⓐ1 **顶棚滑轨节点图**

150C铝板
配套龙骨

边龙骨

陶瓷锦砖

预埋龙骨防腐处理

900

基层板
超白镜

440

200

石材

陶瓷锦砖

原墙体

洗手盆

L40×4角钢

15 160

a
—

木饰面
（成品定制）

405　820

墙砖

防滑地砖
粘结层
水泥砂浆保护层

200

Ⓒ1 **台盆节点图**

防水层
水泥砂浆找平层
素水泥浆一道（内掺建筑胶）
垫层
原结构楼板

钢化玻璃隔断

不锈钢滑轨

密封胶

石基

结构胶

防滑地砖
水泥砂浆粘结层
水泥砂浆找平层
防水层
水泥砂浆找平层
素水泥浆一道（内掺建筑胶）
垫层
原结构楼板

Ⓑ1 **地面滑轨节点图**

5

5

35

石材台面

20

L40×4角钢

木饰面
（成品定制）

ⓐ **大样图**

橡胶垫

不锈钢U形槽
水泥砂浆抹灰层
150C铝板
边龙骨
墙砖
密封胶
成品卷轴帘
钢化玻璃隔断

Ⓓ1 **窗帘盒节点图**

淋浴花洒　　　　　　　坐便器　　　　　　　　　　洗手盆

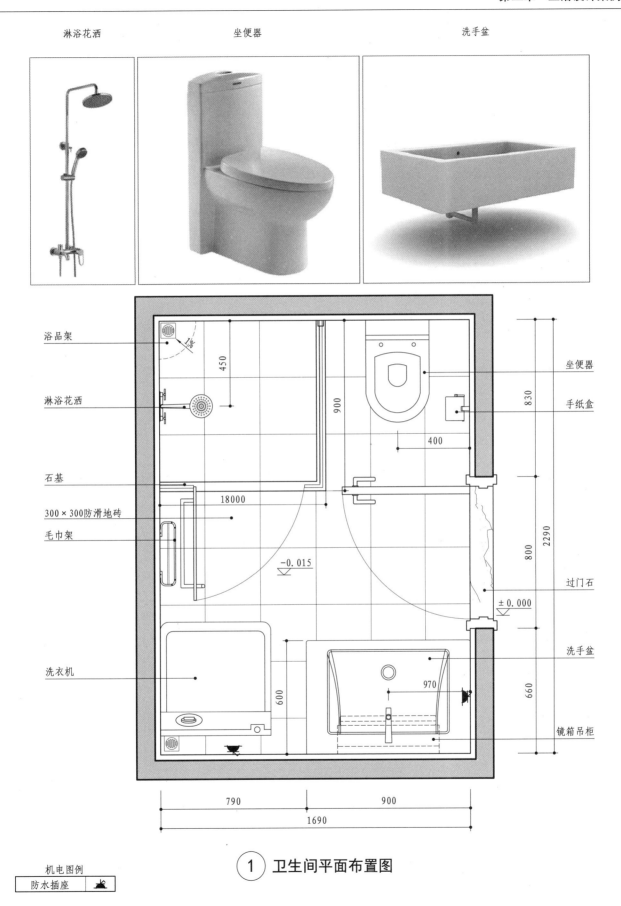

浴品架

淋浴花洒

石基

300×300防滑地砖

毛巾架

洗衣机

坐便器

手纸盒

过门石

洗手盆

镜箱吊柜

① 卫生间平面布置图

机电图例

防水插座

Section2
卫浴设计
案例

商品房舒适
型卫生间
方案设计

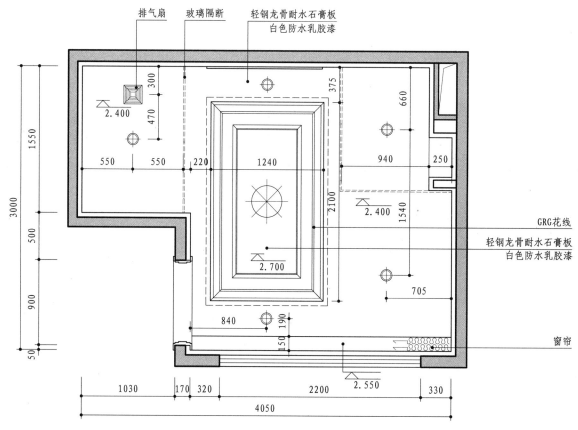

卫生间效果示意图

排气扇　玻璃隔断　轻钢龙骨耐水石膏板
白色防水乳胶漆

2.400

300
470
1550
550　550　220
1240
375
660
940　250
2100
2.400
1540
3000
500
GRG花线
轻钢龙骨耐水石膏板
白色防水乳胶漆
2.700
900
705
840
190
50
150
2.550
窗帘

1030　170　320　2200　330
4050

灯具图例

防水筒灯	⊕
装饰吊灯	⊗
LED暗藏灯带	⊢----⊣

① 卫生间顶平面图

坐便器　　　　　　　　　　　　洗手盆　　　　　　　　　　淋浴花洒

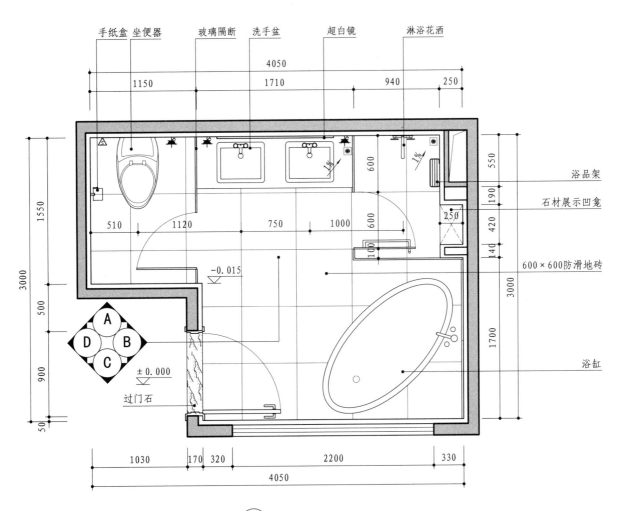

手纸盒 坐便器　　玻璃隔断　洗手盆　　超白镜　　淋浴花洒

4050

1150　　　　　1710　　　　　940　　250

浴品架

石材展示凹龛

600×600防滑地砖

浴缸

550
190
420
140
3000
1700

1550
500
900
50

510　　　1120　　　750　　　1000　　600
600

250

100

−0.015

A
D　B
C

± 0.000

过门石

1030　170 320　　　2200　　　330

4050

② 卫生间平面布置图

机电图例

防水插座	🔌
紧急呼叫开关	⚠

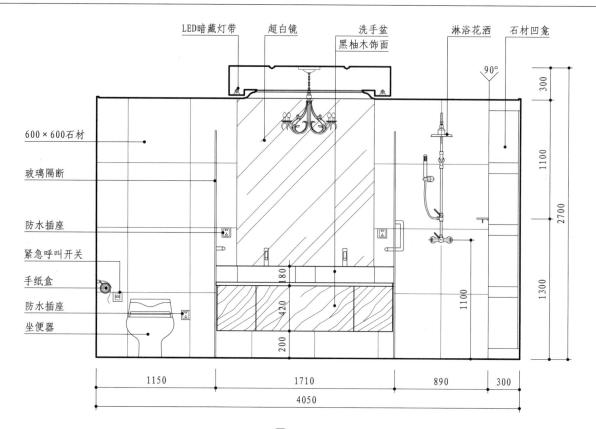

LED暗藏灯带　超白镜　洗手盆
黑柚木饰面　淋浴花洒　石材凹龛

600×600石材

玻璃隔断

防水插座

紧急呼叫开关

手纸盒

防水插座

坐便器

90°

300

1100

2700

1300

180

420

1100

200

1150　1710　890　300

4050

Ⓐ 立面图

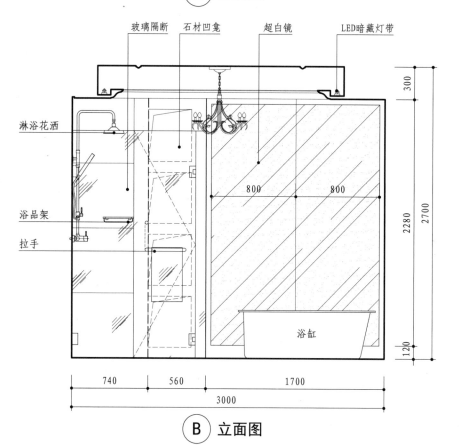

玻璃隔断　石材凹龛　超白镜　LED暗藏灯带

淋浴花洒

浴品架

拉手

300

800　800

2280

2700

浴缸

120

740　560　1700

3000

Ⓑ 立面图

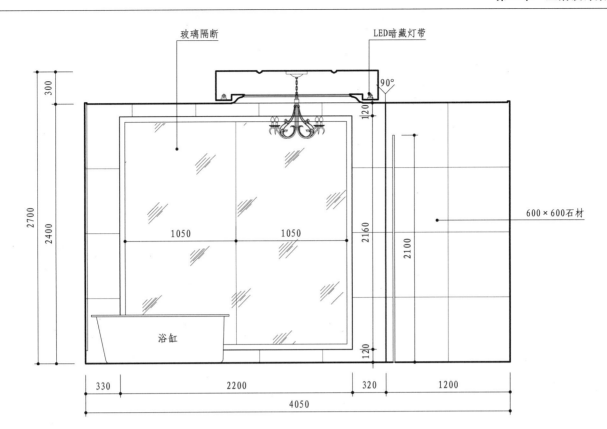

玻璃隔断　　　　　　　LED暗藏灯带

300

2700

2400

90°

120

1050　　　　1050

2160

2100

600×600石材

浴缸

120

330　　　　2200　　　　320　　　1200

4050

Ⓒ 立面图

成品木门　　　600×600石材　　　玻璃隔断

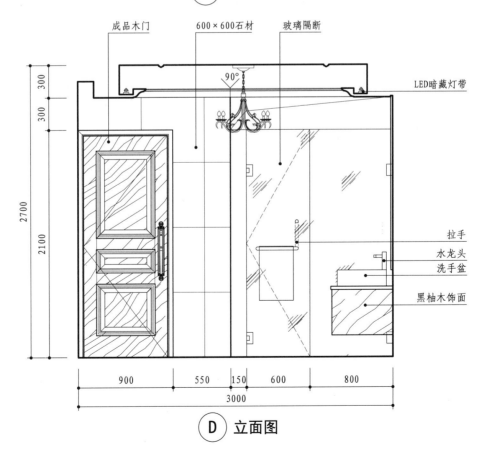

300
300

90°

LED暗藏灯带

2700

2100

拉手
水龙头
洗手盆

黑柚木饰面

900　　　550　150　　600　　　800

3000

Ⓓ 立面图

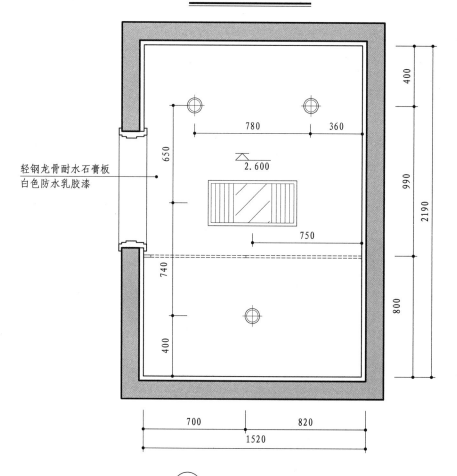

卫生间效果示意图

轻钢龙骨耐水石膏板
白色防水乳胶漆

2.600

① 卫生间顶平面图

灯具图例	
防水筒灯	⊕
三合一浴霸	▨

洗手盆　　　　　　　　　　　坐便器　　　　　　　淋浴花洒

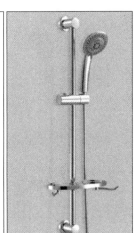

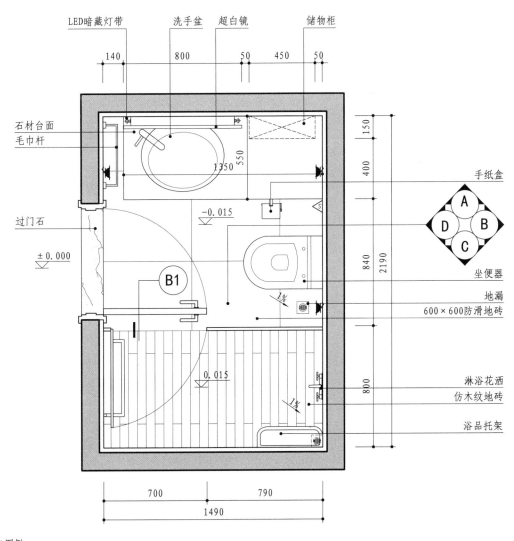

LED暗藏灯带　　洗手盆　超白镜　　储物柜

140　　800　　50　　450　　50

150

400

1350

550

石材台面
毛巾杆

手纸盒

过门石

±0.000

−0.015

坐便器

840　　2190

B1

地漏
600×600防滑地砖

淋浴花洒
仿木纹地砖

800

0.015

1%

浴品托架

700　　790
1490

机电图例

| 防水插座 | 🔻 |
| 紧急呼叫开关 | ⚠ |

②　卫生间平面布置图

黑金砂石材台面　三合一浴霸　木饰面储物柜
木饰面柜门　LED暗藏灯带
600×300墙砖　超白镜
毛巾架　洗手盆

800
2600
700
320 200 200 380
800 50 450 50

皂托

手纸盒

140　1350
1490

A 立面图

600×300墙砖　陶瓷锦砖　三合一浴霸
防水插座　坐便器　钢化玻璃隔断
洗手盆　淋浴花洒
洗浴品托架

A1

800
2600
700
300
800
1100
1300

皂托
LED暗藏灯带　手纸盒

550　840　800
2190

B 立面图

钢化玻璃隔断　三合一浴霸
坐便器

500
2600
2070
30

790　650　50
1490

C 立面图

三合一浴霸　600×300墙砖　毛巾杆
防水插座　洗手盆
浴品托架

500
2600
800
1270
30

LED暗藏灯带

800　40　800　550
2190

D 立面图

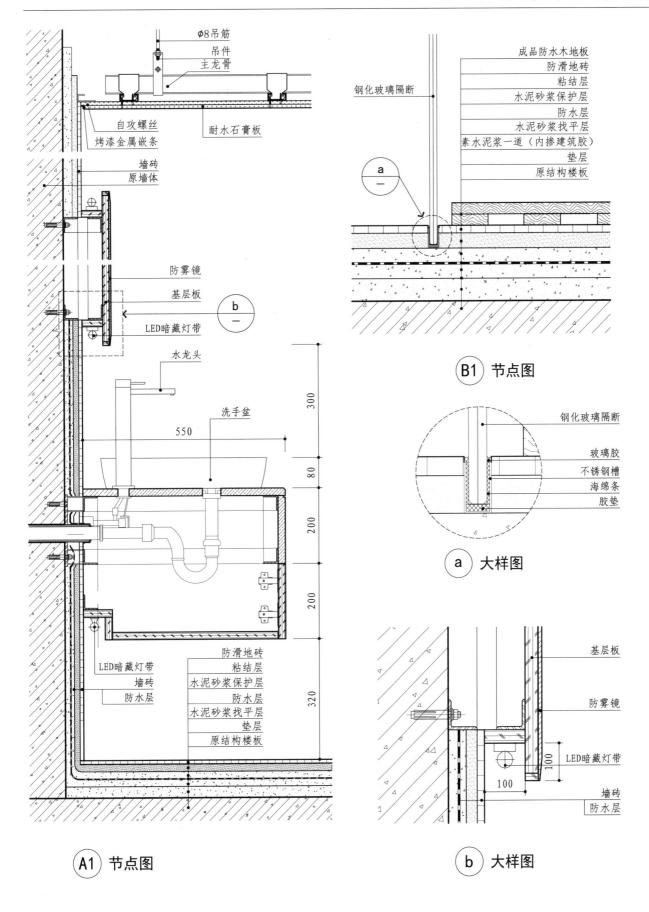

φ8吊筋

吊件

主龙骨

自攻螺丝

烤漆金属嵌条

耐水石膏板

墙砖

原墙体

防雾镜

基层板

LED暗藏灯带

水龙头

洗手盆

550

300

80

200

200

320

LED暗藏灯带

墙砖

防水层

防滑地砖

粘结层

水泥砂浆保护层

防水层

水泥砂浆找平层

垫层

原结构楼板

钢化玻璃隔断

成品防水木地板

防滑地砖

粘结层

水泥砂浆保护层

防水层

水泥砂浆找平层

素水泥浆一道（内掺建筑胶）

垫层

原结构楼板

b
—

a
—

B1 节点图

钢化玻璃隔断

玻璃胶

不锈钢槽

海绵条

胶垫

a 大样图

基层板

防雾镜

LED暗藏灯带

100

100

墙砖

防水层

A1 节点图

b 大样图

洗手盆 浴缸 淋浴花洒

  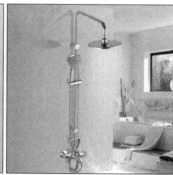

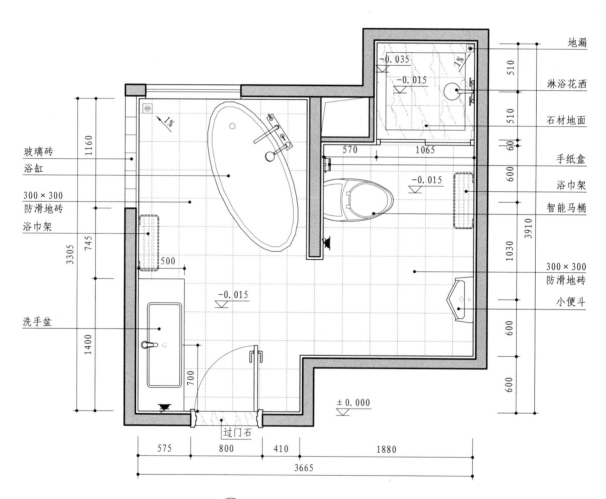

地漏

淋浴花洒

石材地面

手纸盒

浴巾架

智能马桶

300×300
防滑地砖

小便斗

玻璃砖
浴缸

300×300
防滑地砖
浴巾架

洗手盆

过门石

① 卫生间平面布置图

机电图例

防水插座

卫生间效果示意图

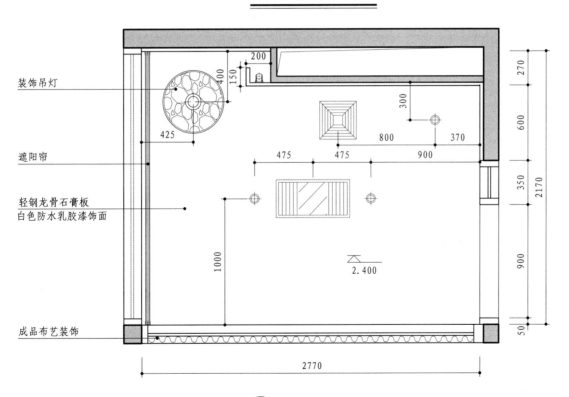

装饰吊灯

遮阳帘

轻钢龙骨石膏板
白色防水乳胶漆饰面

成品布艺装饰

① **卫生间顶平面图**

灯具图例		设备图例	
防水筒灯	⊕	排气扇	▨
LED暗藏灯带	▤	三合一浴霸	▨

浴缸　　　　　　　　　　　坐便器　　　　　　　　　　洗手盆

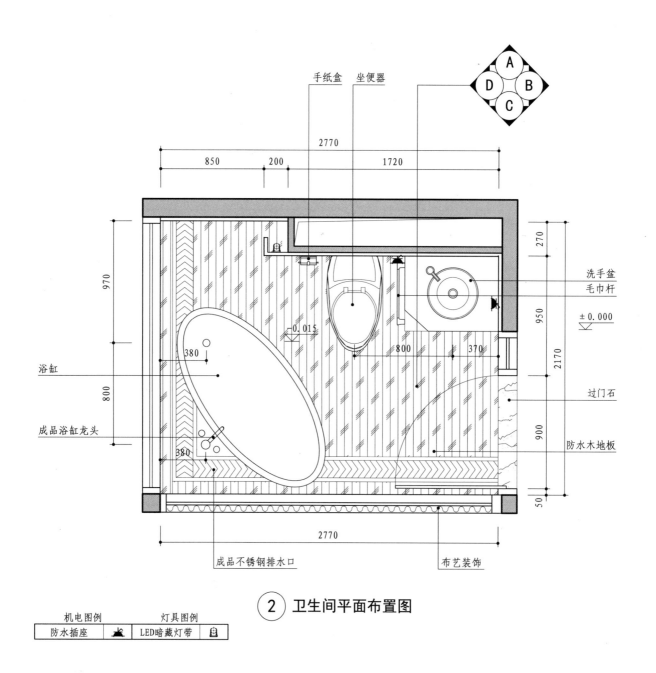

手纸盒　坐便器

浴缸

成品浴缸龙头

洗手盆
毛巾杆
± 0.000
过门石
防水木地板

成品不锈钢排水口　　　　　　　　布艺装饰

② 卫生间平面布置图

机电图例	灯具图例
防水插座	LED暗藏灯带

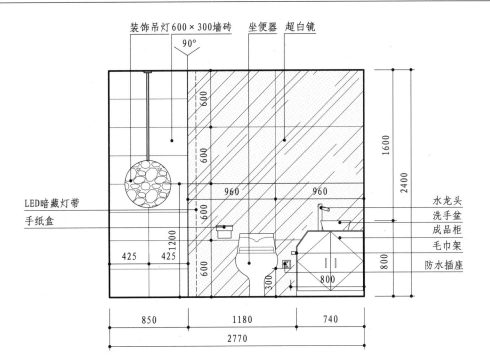

装饰吊灯　600×300墙砖　坐便器　超白镜

90°

600
600
960　960
600
LED暗藏灯带
手纸盒
1200
425　425
600
300

1600
2400

水龙头
洗手盆
成品柜
毛巾架
防水插座

800
800

850　1180　740
2770

Section2
卫浴设计
案例

高级社区豪
华型卫生间
方案设计

Ⓐ 立面图

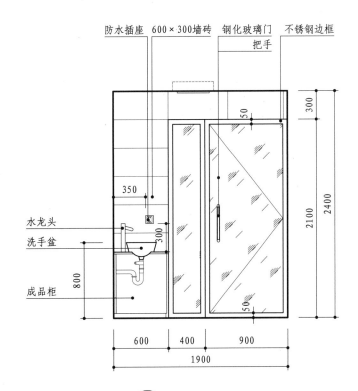

防水插座　600×300墙砖　钢化玻璃门　不锈钢边框
把手

300
50

350
300

水龙头
洗手盆

800

成品柜

50

2100
2400

600　400　900
1900

Ⓑ 立面图

玻璃背景墙外侧　　不锈钢边框　　成品独立式浴缸
成品布艺装饰

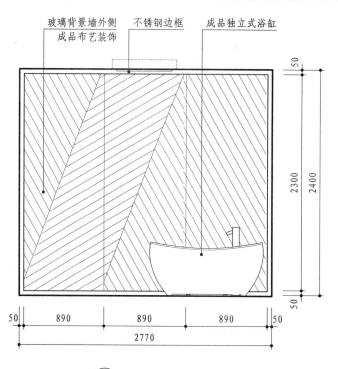

50
2300
2400
50

50　　890　　890　　890　　50
2770

Ⓒ 立面图

成品浴缸龙头　成品独立式浴缸　原建筑窗　装饰吊灯
遮阳帘

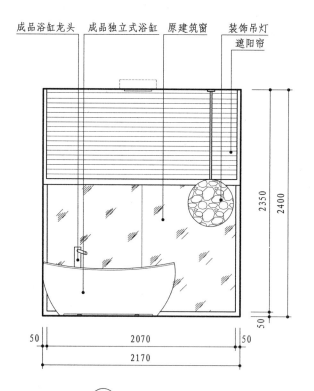

2350
2400

50

50　　2070　　50
2170

Ⓓ 立面图

Section2
卫浴设计案例

高级社区豪华型卫生间施工图设计

卫生间效果示意图

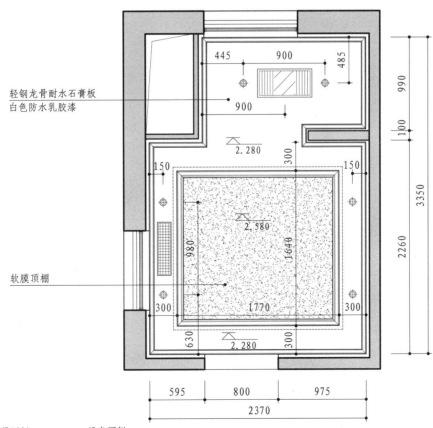

轻钢龙骨耐水石膏板
白色防水乳胶漆

软膜顶棚

灯具图例		设备图例	
防水筒灯	⊕	新风口	▦
LED暗藏灯带	⊢----┤	三合一浴霸	▨

① 卫生间顶平面图

智能马桶

浴缸

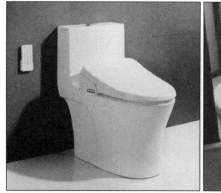

妇洗器

洗手盆

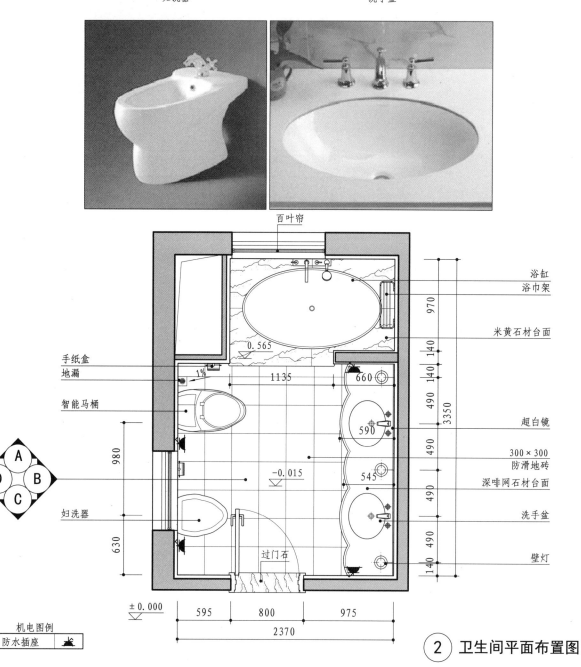

百叶帘

浴缸
浴巾架

970

米黄石材台面

140
140

手纸盒
地漏

0.565

1%

1135

660

490
140

超白镜

590

3350

智能马桶

490

300×300
防滑地砖

-0.015

545

深啡网石材台面

980

妇洗器

490

洗手盆

630

490

壁灯

过门石

140

±0.000

595   800   975

2370

机电图例

防水插座

② 卫生间平面布置图

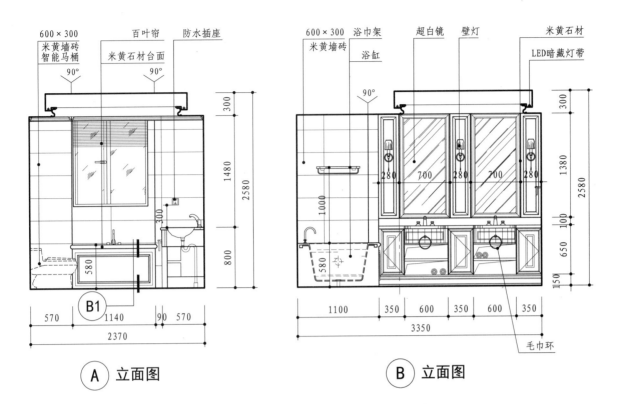

A 立面图

B 立面图

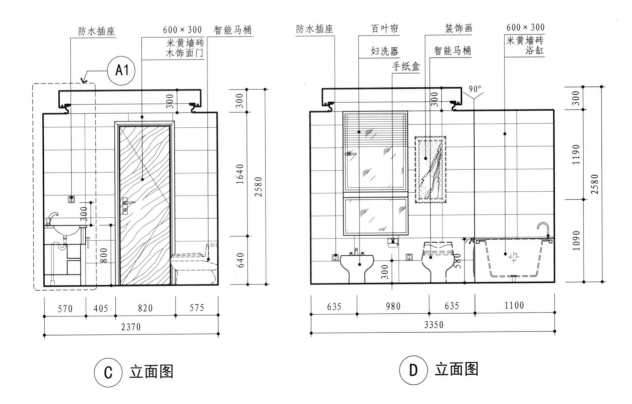

C 立面图

D 立面图

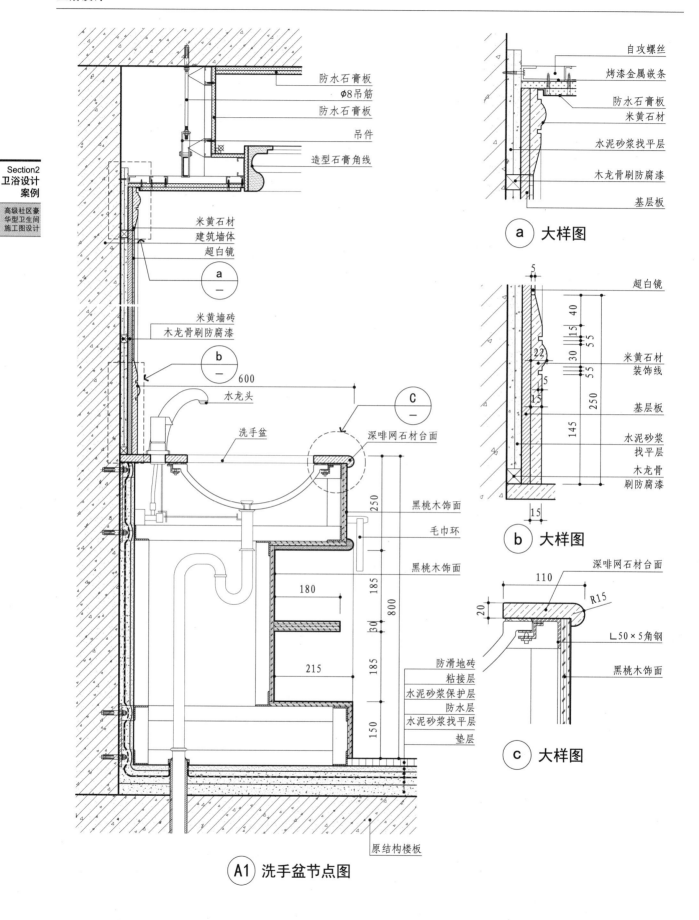

防水石膏板
φ8吊筋
防水石膏板
吊件
造型石膏角线

米黄石材
建筑墙体
超白镜

ⓐ
—

米黄墙砖
木龙骨刷防腐漆

ⓑ
—

600

水龙头

Ⓒ
—

洗手盆

深啡网石材台面

250

黑桃木饰面

毛巾环

黑桃木饰面

180

185

800

30

215

185

防滑地砖
粘接层
水泥砂浆保护层
防水层
水泥砂浆找平层
垫层

150

原结构楼板

Ⓐ1 洗手盆节点图

自攻螺丝
烤漆金属嵌条
防水石膏板
米黄石材
水泥砂浆找平层
木龙骨刷防腐漆
基层板

ⓐ 大样图

5

超白镜

40
15
30 55
22
5
55
15
250
145

米黄石材
装饰线

基层板

水泥砂浆
找平层

木龙骨
刷防腐漆

15

ⓑ 大样图

深啡网石材台面

110
R15
20

L50×5角钢

黑桃木饰面

Ⓒ 大样图

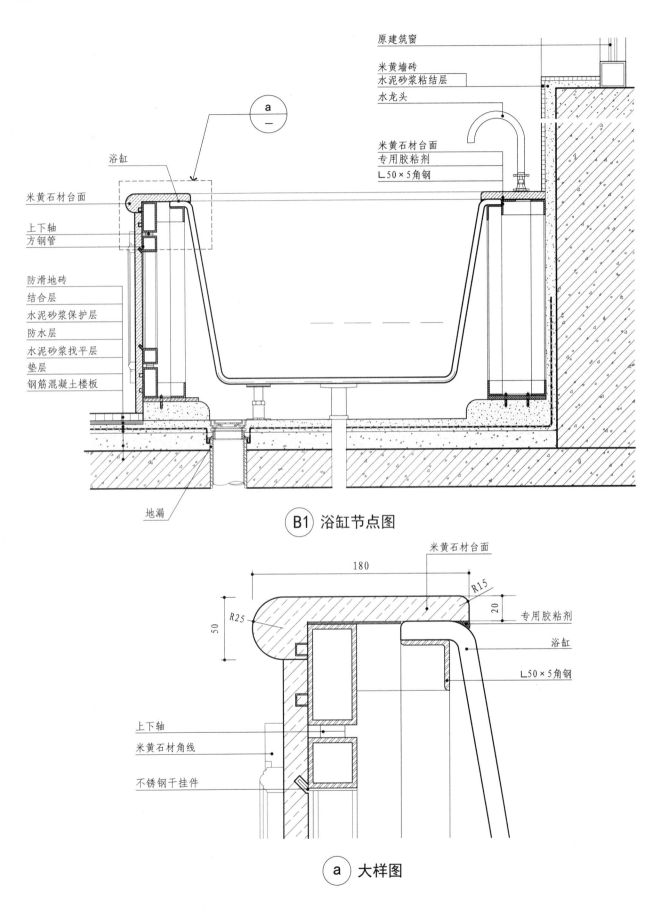

原建筑窗

米黄墙砖
水泥砂浆粘结层

水龙头

米黄石材台面
专用胶粘剂
L50×5角钢

浴缸

米黄石材台面

上下轴
方钢管

防滑地砖
结合层
水泥砂浆保护层
防水层
水泥砂浆找平层
垫层
钢筋混凝土楼板

地漏

B1 浴缸节点图

米黄石材台面

180

R15

R25

50

20

专用胶粘剂

浴缸

L50×5角钢

上下轴

米黄石材角线

不锈钢干挂件

a 大样图

智能马桶　　　　　淋浴花洒　　　　　浴缸

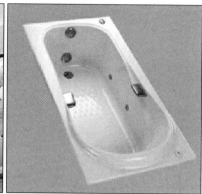

妇洗器　　　　　洗手盆

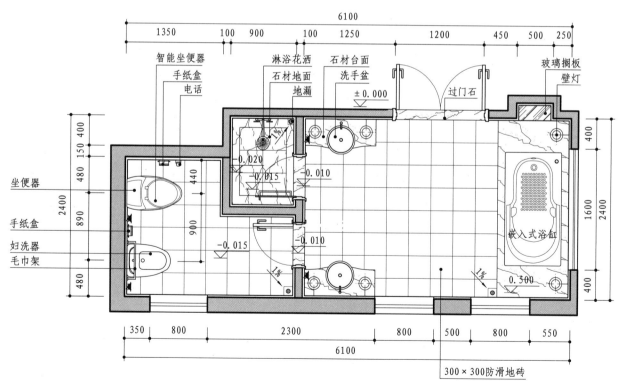

机电图例
防水插座

① 卫生间平面布置图

卫生间效果示意图

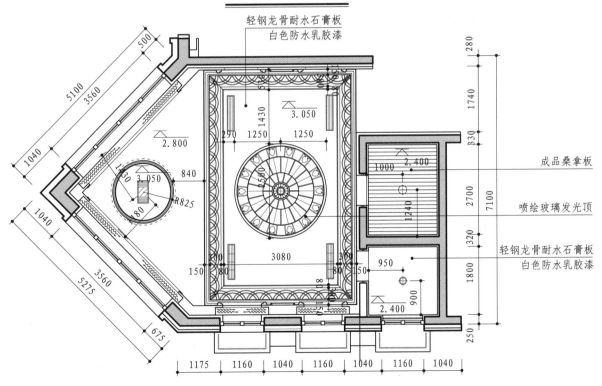

轻钢龙骨耐水石膏板
白色防水乳胶漆

成品桑拿板

喷绘玻璃发光顶

轻钢龙骨耐水石膏板
白色防水乳胶漆

① 卫生间顶平面图

灯具图例		设备图例	
防水筒灯	⊕	排风口	
LED暗藏灯带	—·—·—	送风口	
防爆灯	⊕	三合一浴霸	

水龙头   洗手盆

浴缸   淋浴花洒

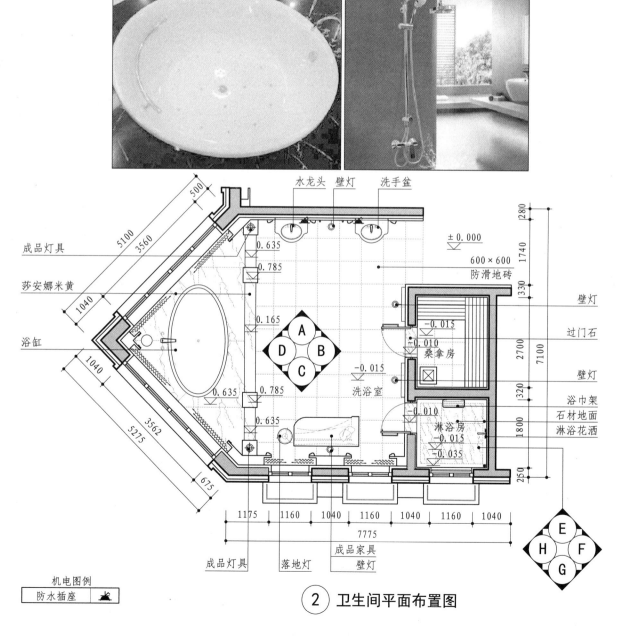

机电图例

防水插座

② 卫生间平面布置图

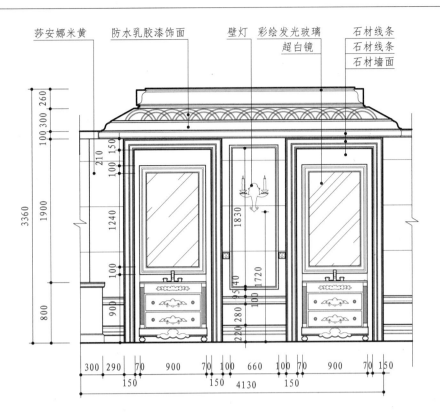

莎安娜米黄　防水乳胶漆饰面　壁灯　彩绘发光玻璃　超白镜　石材线条　石材线条　石材墙面

(A) 立面图

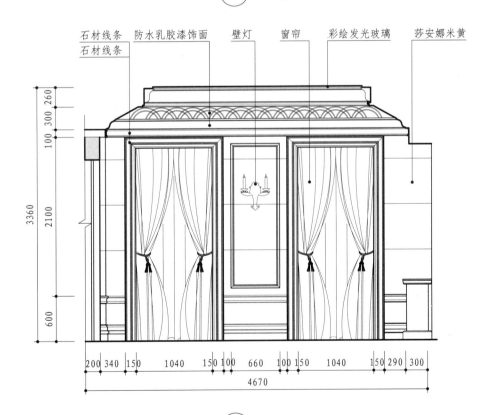

石材线条　石材线条　防水乳胶漆饰面　壁灯　窗帘　彩绘发光玻璃　莎安娜米黄

(C) 立面图

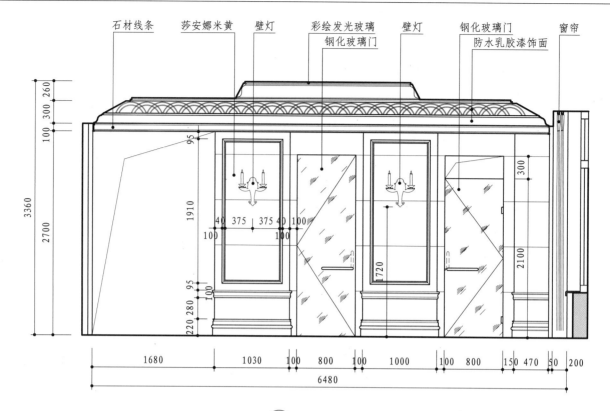

石材线条　莎安娜米黄　壁灯　彩绘发光玻璃　壁灯　钢化玻璃门　窗帘
钢化玻璃门　　　　防水乳胶漆饰面

Ⓑ 立面图

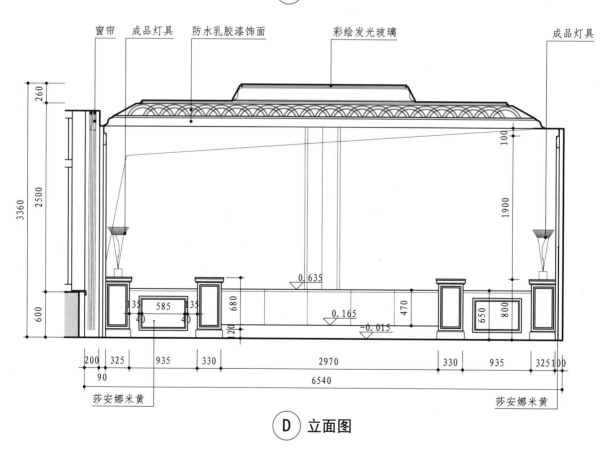

窗帘　成品灯具　防水乳胶漆饰面　　彩绘发光玻璃　　成品灯具

莎安娜米黄　　　　　　　　　　　　　　莎安娜米黄

Ⓓ 立面图

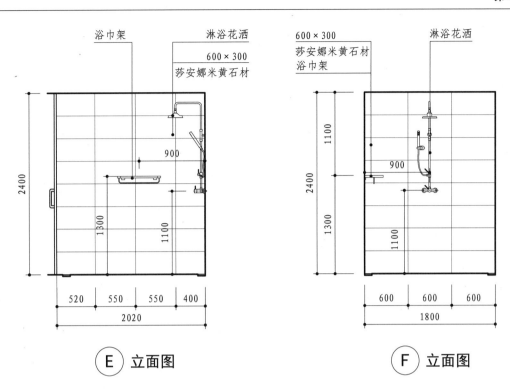

浴巾架　　淋浴花洒
600×300
莎安娜米黄石材
900
2400
1300　1100
520　550　550　400
2020

Ⓔ 立面图

600×300
莎安娜米黄石材
浴巾架　　淋浴花洒
1100
900
2400
1300
1100
600　600　600
1800

Ⓕ 立面图

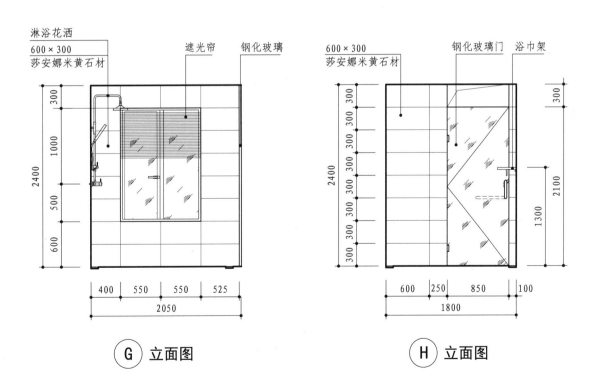

淋浴花洒
600×300
莎安娜米黄石材　　遮光帘　钢化玻璃
300
1000
2400
500
600
400　550　550　525
2050

Ⓖ 立面图

600×300
莎安娜米黄石材　　钢化玻璃门　浴巾架
300 300
300
300
300
300
2400
300
300
300
300
300
300
300
2100
1300
600　250　850　100
1800

Ⓗ 立面图

卫生间效果示意图

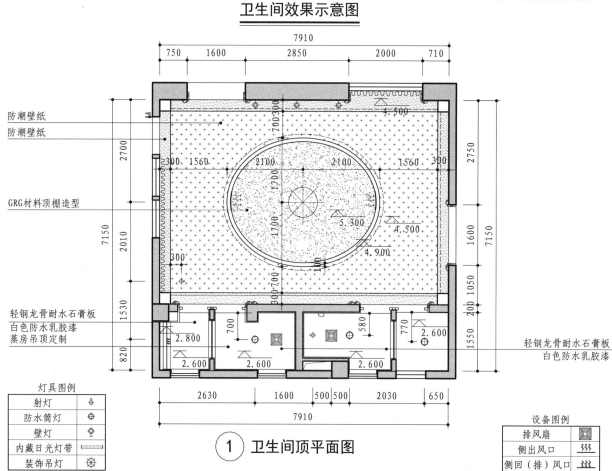

防潮壁纸

防潮壁纸

GRG材料顶棚造型

轻钢龙骨耐水石膏板
白色防水乳胶漆
蒸房吊顶定制

轻钢龙骨耐水石膏板
白色防水乳胶漆

灯具图例

灯具图例	
射灯	⊕
防水筒灯	⊕
壁灯	⊕
内藏日光灯带	⊢⊣
装饰吊灯	⊛

① 卫生间顶平面图

设备图例	
排风扇	▣
侧出风口	▦
侧回（排）风口	▦

浴缸　　　　　　　　　　　洗手盆

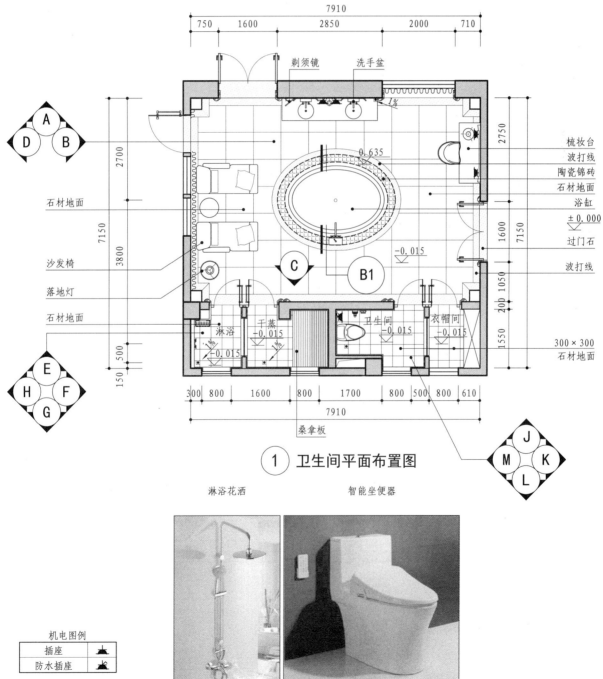

剃须镜　　洗手盆

梳妆台
波打线
陶瓷锦砖
石材地面
浴缸
± 0.000
过门石
波打线

石材地面

沙发椅

落地灯

石材地面

300 × 300
石材地面

桑拿板

① 卫生间平面布置图

淋浴花洒　　　　　智能坐便器

机电图例

插座	
防水插座	

Section2
卫浴设计
案例

别墅豪华型
卫生间施工
图设计

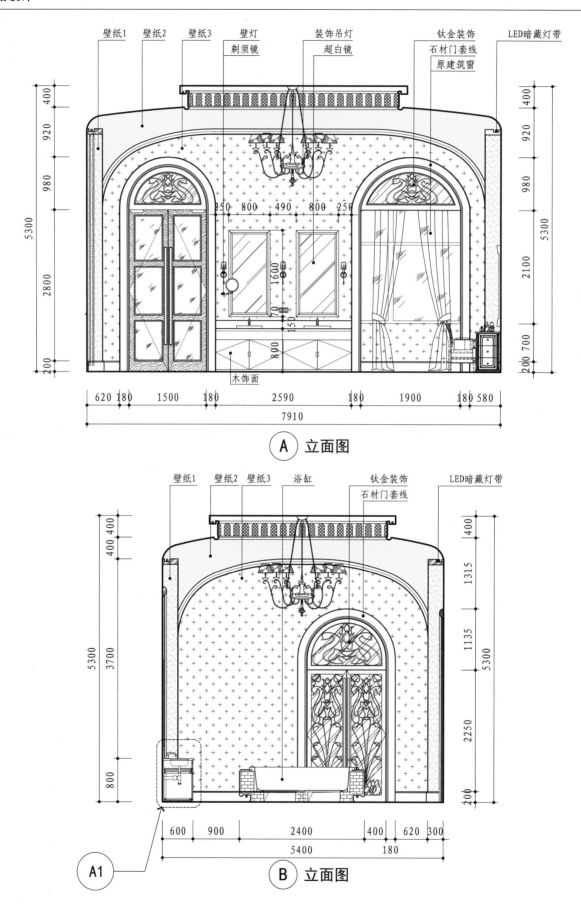

壁纸1　壁纸2　壁纸3　壁灯　装饰吊灯　　钛金装饰　LED暗藏灯带
剃须镜　超白镜　石材门套线
原建筑窗

木饰面

A　立面图

壁纸1　壁纸2　壁纸3　浴缸　　钛金装饰　LED暗藏灯带
石材门套线

A1　B　立面图

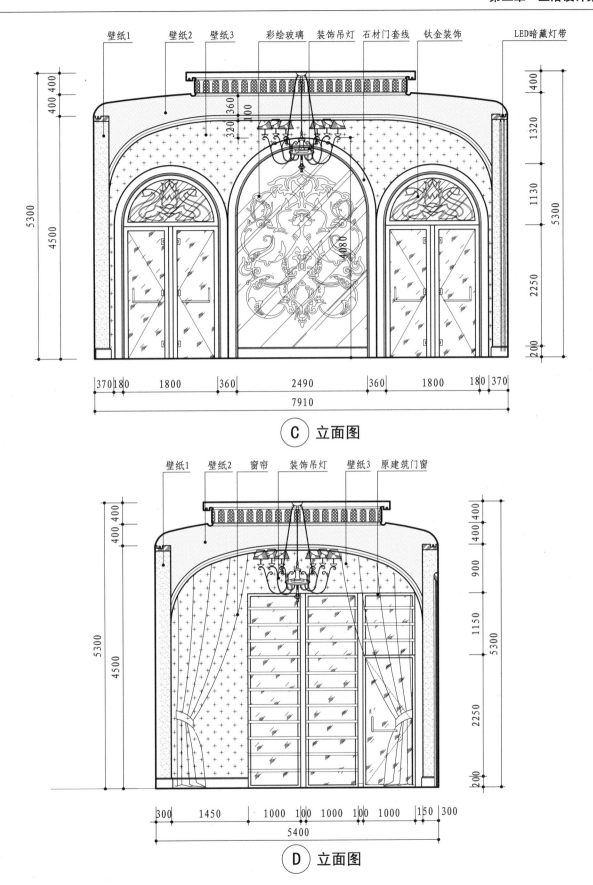

壁纸1　壁纸2　壁纸3　彩绘玻璃　装饰吊灯　石材门套线　钛金装饰　　LED暗藏灯带

© 立面图

壁纸1　壁纸2　窗帘　装饰吊灯　壁纸3　原建筑门窗

D 立面图

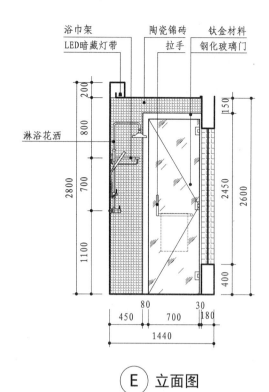

浴巾架
LED暗藏灯带
陶瓷锦砖
拉手
钛金材料
钢化玻璃门
淋浴花洒

E 立面图

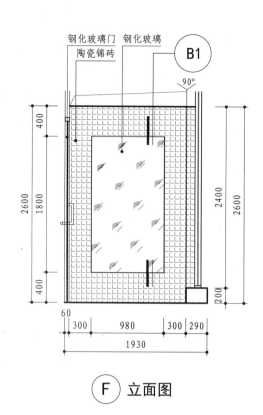

钢化玻璃门　钢化玻璃
陶瓷锦砖
B1
90°

F 立面图

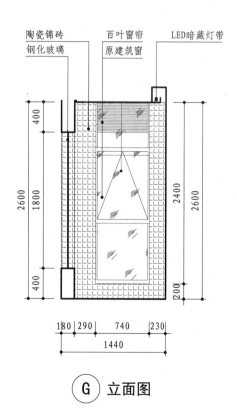

陶瓷锦砖
钢化玻璃
百叶窗帘
原建筑窗
LED暗藏灯带

G 立面图

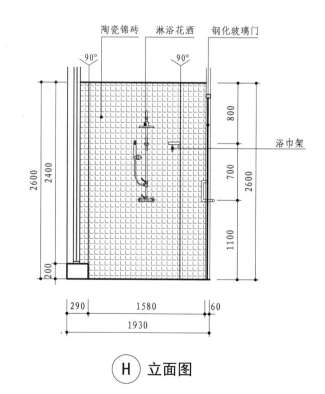

陶瓷锦砖
淋浴花洒
钢化玻璃门
浴巾架

H 立面图

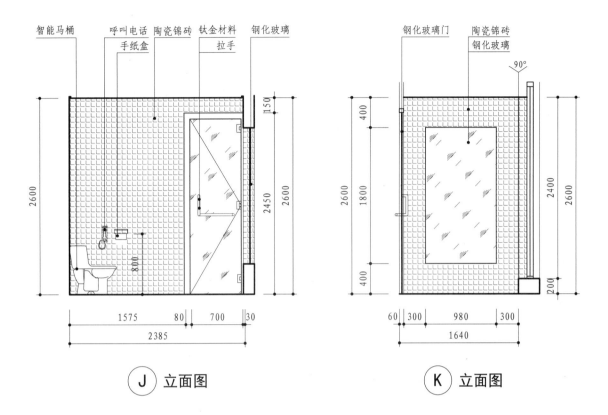

智能马桶　呼叫电话　陶瓷锦砖　钛金材料　钢化玻璃
手纸盒　拉手

钢化玻璃门　陶瓷锦砖　钢化玻璃

J 立面图

K 立面图

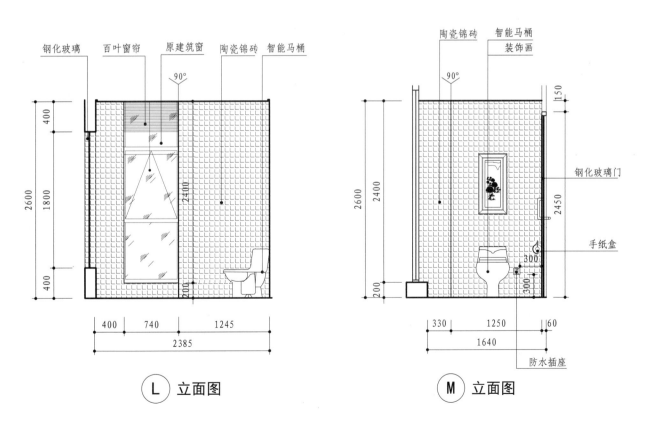

钢化玻璃　百叶窗帘　原建筑窗　陶瓷锦砖　智能马桶

陶瓷锦砖　智能马桶　装饰画

钢化玻璃门

手纸盒

防水插座

L 立面图

M 立面图

Section2
卫浴设计
案例

别墅豪华型
卫生间施工
图设计

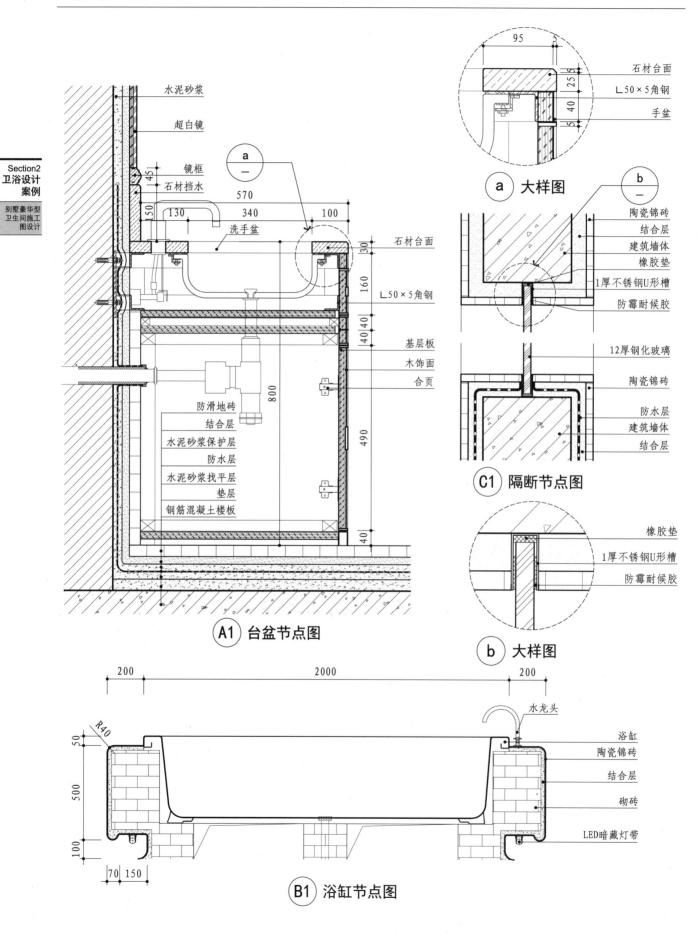

石材台面
L50×5角钢
手盆

a 大样图

水泥砂浆
超白镜
镜框
石材挡水
洗手盆
石材台面
L50×5角钢
基层板
木饰面
合页

防滑地砖
结合层
水泥砂浆保护层
防水层
水泥砂浆找平层
垫层
钢筋混凝土楼板

A1 台盆节点图

b

陶瓷锦砖
结合层
建筑墙体
橡胶垫
1厚不锈钢U形槽
防霉耐候胶

12厚钢化玻璃
陶瓷锦砖
防水层
建筑墙体
结合层

C1 隔断节点图

橡胶垫
1厚不锈钢U形槽
防霉耐候胶

b 大样图

水龙头
浴缸
陶瓷锦砖
结合层
砌砖
LED暗藏灯带

B1 浴缸节点图

小便斗　　　　　　　　　洗手盆　　　　　　　坐便器

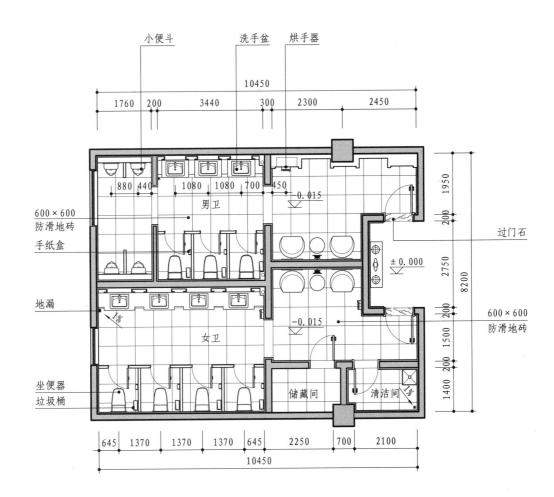

（1）卫生间平面布置图

机电图例
防水插座	

卫生间效果示意图

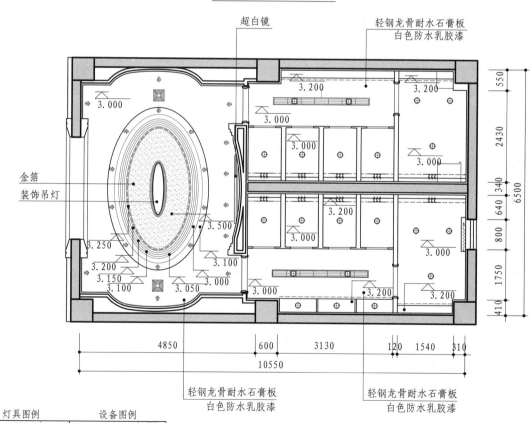

超白镜

轻钢龙骨耐水石膏板
白色防水乳胶漆

金箔
装饰吊灯

3.000
3.200
3.200
3.000
3.500
3.250
3.200
3.150
3.100
3.100
3.050
3.000
3.200
3.000
3.000
3.200
3.200

550
2430
340
640
800
1750
410
6500

4850   600   3130   120 1540 310
10550

轻钢龙骨耐水石膏板
白色防水乳胶漆

轻钢龙骨耐水石膏板
白色防水乳胶漆

灯具图例		设备图例	
射灯	⊕	排风扇	▨
防水筒灯	⊕	侧回风口	▤
格栅射灯	▣	送风口	▬
LED暗藏灯带	↔		

① 卫生间顶平面图

坐便器　　　　　　　　　　手纸盒　　　　　　　　　　墩布池

小便斗　　　　　　　　　　坐便器　　　　　　　　　　洗手盆

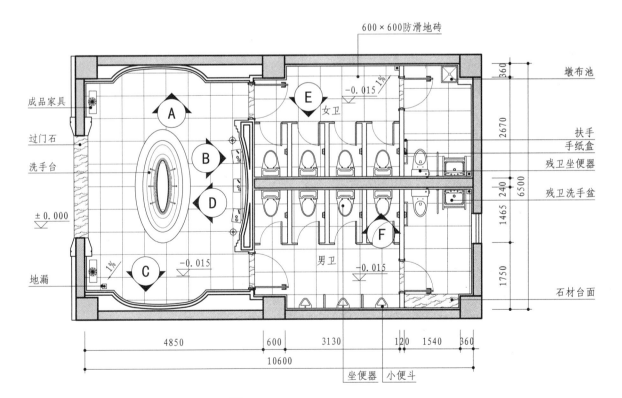

600×600防滑地砖

成品家具

过门石

洗手台

±0.000

地漏

墩布池

扶手
手纸盒
残卫坐便器

残卫洗手盆

石材台面

女卫

男卫

360
2670
240 240
1465
1750
6500

4850　　　600　　3130　　120　1540　360
10600

坐便器　小便斗

② 卫生间平面布置图

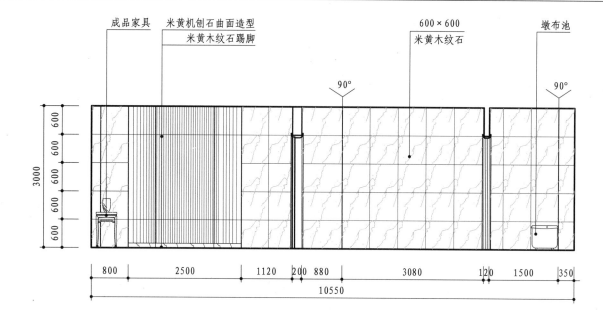

成品家具　米黄机刨石曲面造型　　　　600×600　　墩布池
　　　　　米黄木纹石踢脚　　　　　　米黄木纹石

3000
600 600 600 600 600

90°　90°

800　2500　1120　200 880　3080　120　1500　350
10550

Ⓐ 立面图

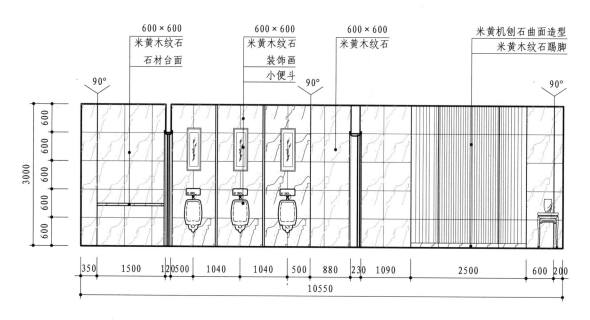

600×600　600×600　600×600　米黄机刨石曲面造型
米黄木纹石　米黄木纹石　米黄木纹石　米黄木纹石踢脚
石材台面　装饰画
　　　　　小便斗

90°　　　　　　90°　　90°

3000
600 600 600 600 600

350　1500　120 500　1040　1040　500　880　230　1090　2500　600 200
10550

Ⓒ 立面图

110

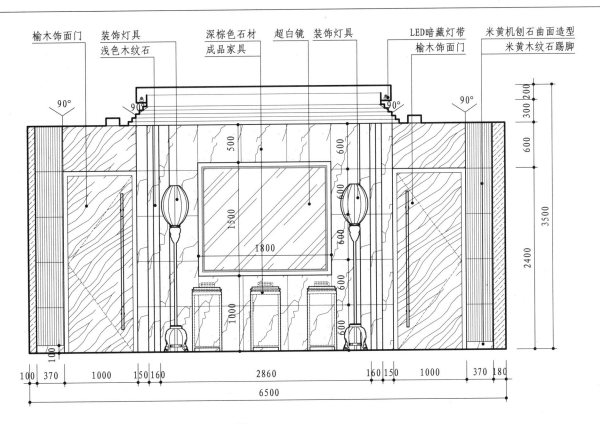

榆木饰面门　装饰灯具　　　深棕色石材　超白镜　装饰灯具　　　LED暗藏灯带　米黄机刨石曲面造型
　　　　　浅色木纹石　　成品家具　　　　　　　　　　　　榆木饰面门　米黄木纹石踢脚

Section2
卫浴设计案例
度假酒店卫生间方案设计

B　立面图

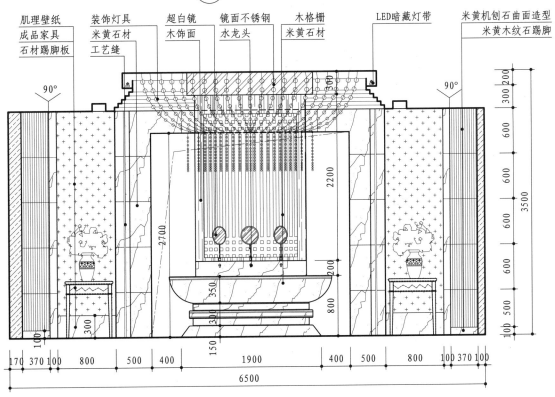

肌理壁纸　　装饰灯具　　　超白镜　镜面不锈钢　木格栅　　　　LED暗藏灯带　米黄机刨石曲面造型
成品家具　　米黄石材　　　木饰面　水龙头　　米黄石材　　　　　　　　　　米黄木纹石踢脚
石材踢脚板　工艺缝

D　立面图

超白镜　　残卫坐便器　　装饰吊灯　　　　　　黑色木饰面板　　红色木饰面板
水龙头　　米黄石材　　手纸盒　　　　　　　不锈钢踢脚
洗手盆　　装饰画　　残卫扶手

370
3000
1900
130
600
900
550
600
600
2350
3000
2320
80

1850　　120 150　600　420　600　420　600　420　600　150
5930

E 立面图

米黄石材　　　手纸盒　坐便器　米黄石材
装饰画　　　　　　　　　　　　装饰画

600
600
600
3000
600
600

900　120　900　120　900　120　900
3960

F 立面图

卫生间效果示意图

轻钢龙骨耐水石膏板
白色防水乳胶漆　　　　吸顶喷淋浴花洒　　　　　　轻钢龙骨耐水石膏板
　　　　　　　　　　　　　　　　　　　　　　　　白色防水乳胶漆

295

745

1410　　1800　　　1800　3.100 940

2.800

更衣间

2590

5800

960

客房

1720

2.800

2.500

530

2100　　300　　2650　　400　　2210　　1540

9200

① 卫生间顶平面图

灯具图例		设备图例	
射灯	⊕	侧出风口	
防水筒灯	⊕	侧回风口	

浴缸　　　　　　　　　洗手盆　　　　　　　　　坐便器

Section2
**卫浴设计
案例**

度假酒店卫生
间施工图设计

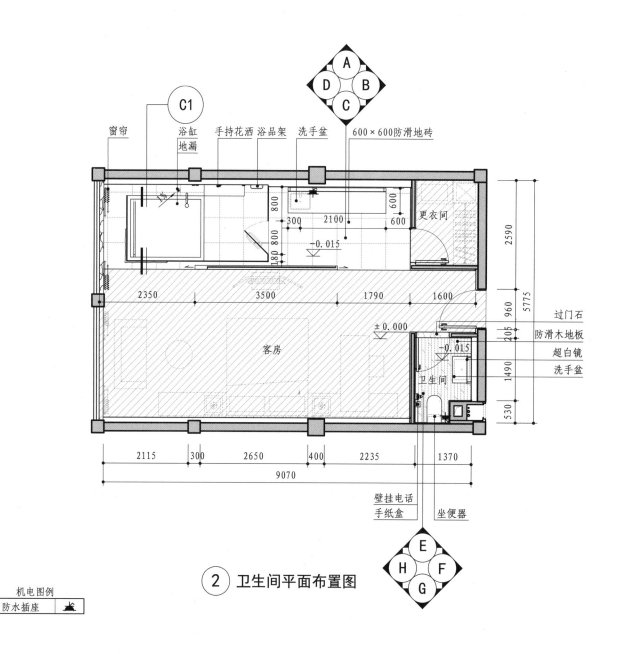

② **卫生间平面布置图**

机电图例
防水插座

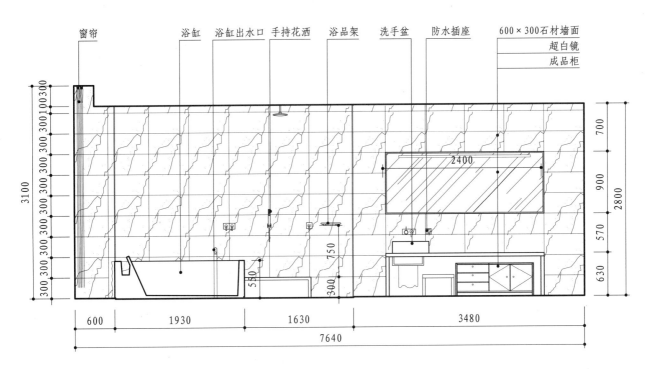

（A）立面图

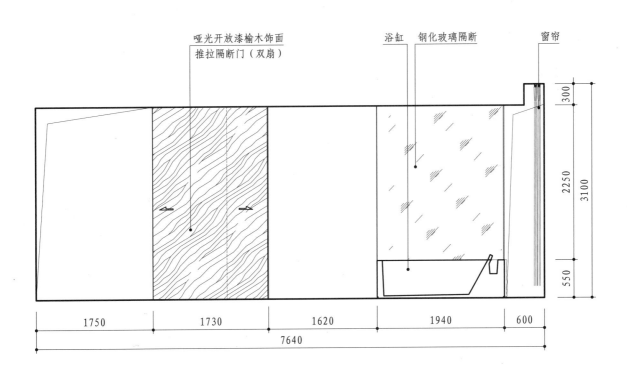

（C）立面图

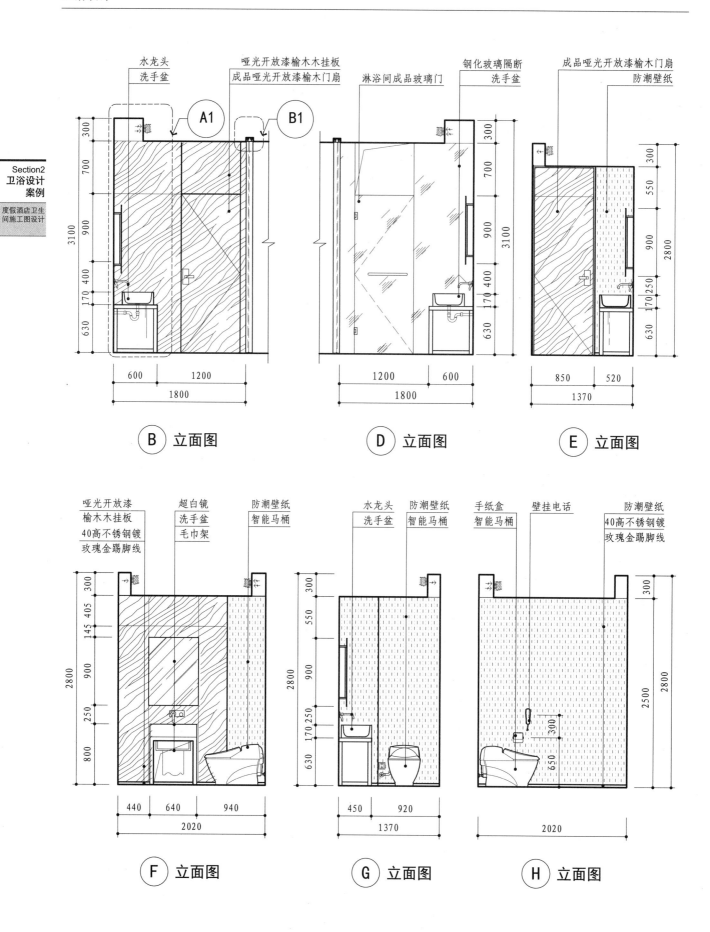

水龙头
洗手盆

哑光开放漆榆木木挂板
成品哑光开放漆榆木门扇

淋浴间成品玻璃门

钢化玻璃隔断
洗手盆

成品哑光开放漆榆木门扇
防潮壁纸

A1   B1

300 700 900 400 170 630 3100

600   1200
1800

300 700 900 400 170 630 3100

1200   600
1800

300 550 900 170 250 630 2800

850   520
1370

B 立面图   D 立面图   E 立面图

哑光开放漆
榆木木挂板
40高不锈钢镀
玫瑰金踢脚线

超白镜
洗手盆
毛巾架

防潮壁纸

水龙头
洗手盆

防潮壁纸
智能马桶

手纸盒
智能马桶

壁挂电话

防潮壁纸
40高不锈钢镀
玫瑰金踢脚线

300 145 405 900 250 800 2800

440   640   940
2020

300 550 900 170 250 630 2800

450   920
1370

300 300 650 2500 2800

2020

F 立面图   G 立面图   H 立面图

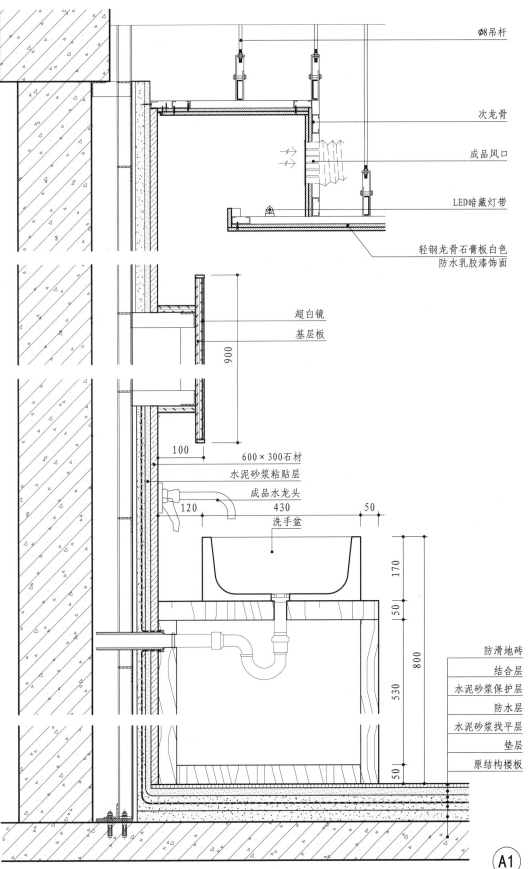

Ø8吊杆

次龙骨

成品风口

LED暗藏灯带

轻钢龙骨石膏板白色
防水乳胶漆饰面

超白镜

基层板

900

100

600×300石材

水泥砂浆粘贴层

成品水龙头

120   430   50

洗手盆

170

50

800

530

50

防滑地砖

结合层

水泥砂浆保护层

防水层

水泥砂浆找平层

垫层

原结构楼板

A1 台盆节点图

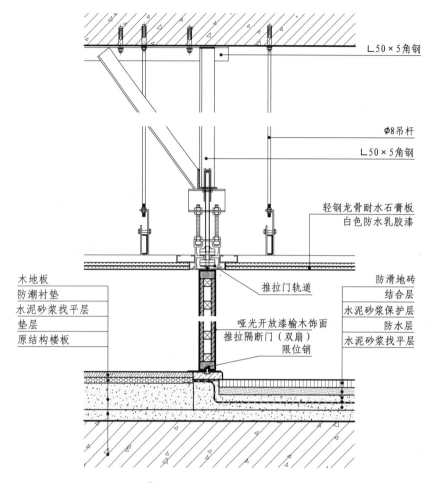

L50×5角钢

Φ8吊杆
L50×5角钢

轻钢龙骨耐水石膏板
白色防水乳胶漆

推拉门轨道

木地板
防潮衬垫
水泥砂浆找平层
垫层
原结构楼板

防滑地砖
结合层
水泥砂浆保护层
防水层
水泥砂浆找平层

哑光开放漆榆木饰面
推拉隔断门（双扇）
限位销

B1 推拉门节点图

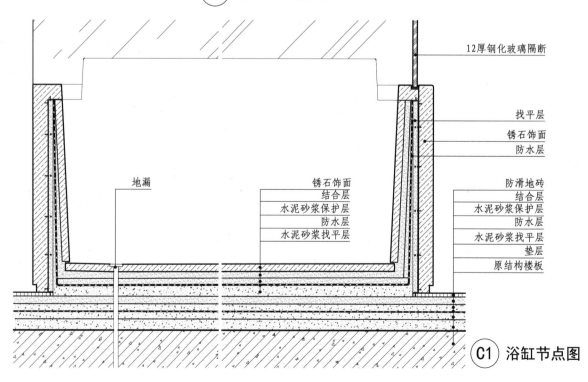

12厚钢化玻璃隔断

找平层
锈石饰面
防水层

地漏

锈石饰面
结合层
水泥砂浆保护层
防水层
水泥砂浆找平层

防滑地砖
结合层
水泥砂浆保护层
防水层
水泥砂浆找平层
垫层
原结构楼板

C1 浴缸节点图

坐便器

小便斗

洗手盆

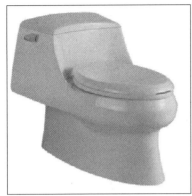
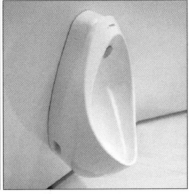

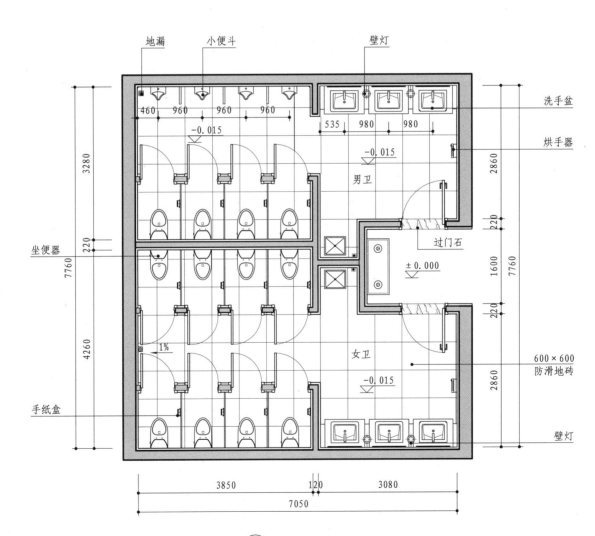

地漏　　小便斗　　　　　　　壁灯

洗手盆

460　960　960　960

-0.015

535　980　980

-0.015

烘手器

3280

男卫

2860

220

过门石

220

坐便器

±0.000

1600

7760

7760

220

4260

1%

女卫

2860

600×600
防滑地砖

手纸盒

-0.015

壁灯

3850　　　120　　3080

7050

① 卫生间平面布置图

灯具图例

台灯	◎
壁灯	⚲

卫生间效果示意图

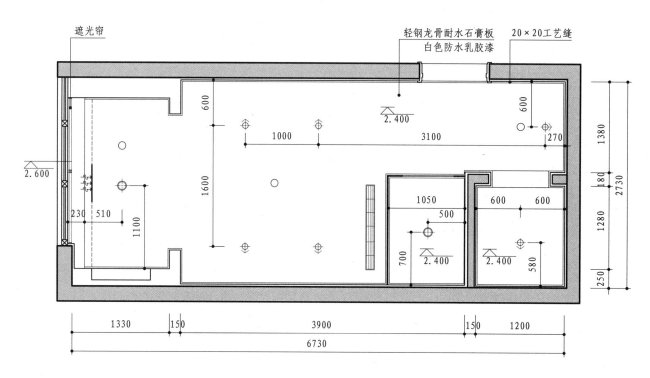

灯具图例		设备图例	
射灯	⊕	喷淋	○
防水筒灯	⊕	下送风口	▦
LED暗藏灯带	----	侧回风口	⊔

① 卫生间顶平面图

嵌入式浴缸　　　　　　　嵌入式电视　　　　　　　坐便器

洗手盆　　　　　　　淋浴花洒

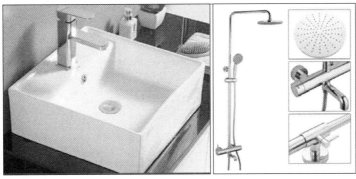

石材台面　嵌入式浴缸　成品地毯　成品家具　　600×600防滑地砖　过门石　　成品家具
　　　　　　　　　成品家具　6900

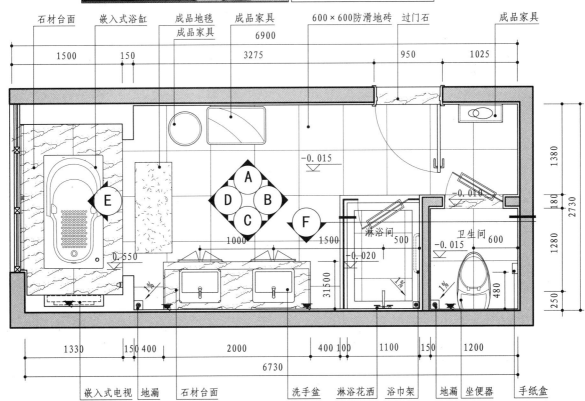

嵌入式电视　地漏　石材台面　　　洗手盆　淋浴花洒　浴巾架　　地漏　坐便器　　手纸盒

② **卫生间平面布置图**

机电图例

防水插座

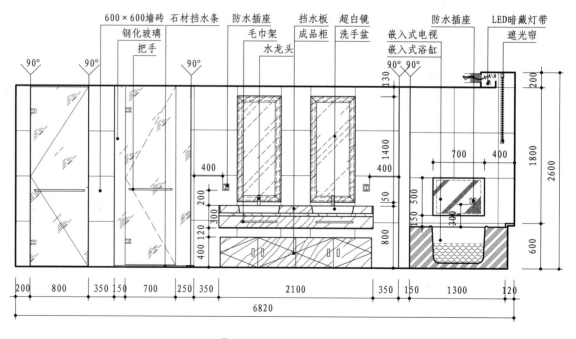

遮光帘
LED暗藏灯带
嵌入式浴缸
600×600墙砖
成品家具
成品家具
木饰面
成品家具

2600　200
1800
600
90°　90°
2400
550
R/A

90　1330　150　3250　1000　1000
6820

A 立面图

600×600墙砖　石材挡水条　防水插座　挡水板　超白镜　防水插座　LED暗藏灯带
钢化玻璃　毛巾架　成品柜　洗手盆　嵌入式电视　遮光帘
把手　水龙头　嵌入式浴缸

90°　90°　90°　90°　130　90°　90°
400
400　1400　400
200　150
300　500　150
400 120　800　150　300
600
2600　1800
700　400

200　800　350 150　700　250　350　2100　350　150　1300　120
6820

C 立面图

122

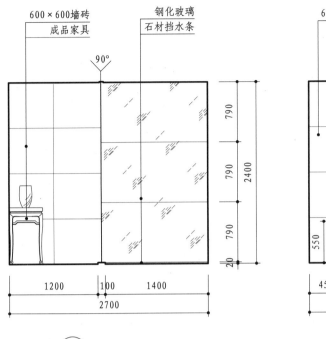

600×600墙砖　成品家具　钢化玻璃　石材挡水条
90°
790　790　790　790　2400
1200　100　1400　20
2700

B　立面图

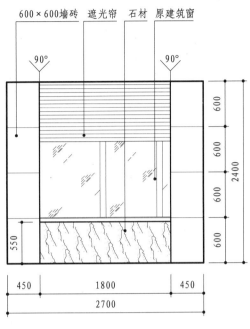

600×600墙砖　遮光帘　石材　原建筑窗
90°　90°
600　600　600　600　2400
550
450　1800　450
2700

D　立面图

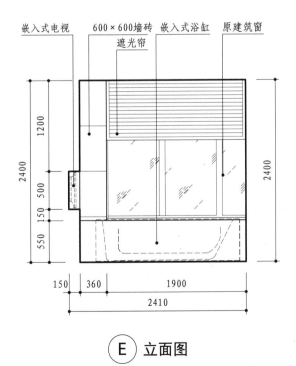

嵌入式电视　600×600墙砖　嵌入式浴缸　原建筑窗
遮光帘
1200　2400
500　150　550
2400
150　360　1900
2410

E　立面图

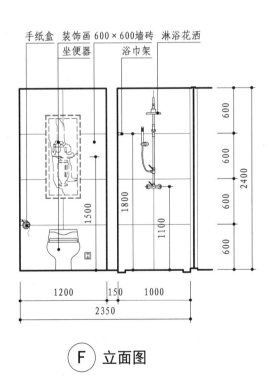

手纸盒　装饰画　600×600墙砖　淋浴花洒
坐便器　浴巾架
1500　1800　1100
600　600　600　600　2400
1200　150　1000
2350

F　立面图

Section2
卫浴设计
案例

商务酒店卫生
间施工图设计

卫生间效果示意图

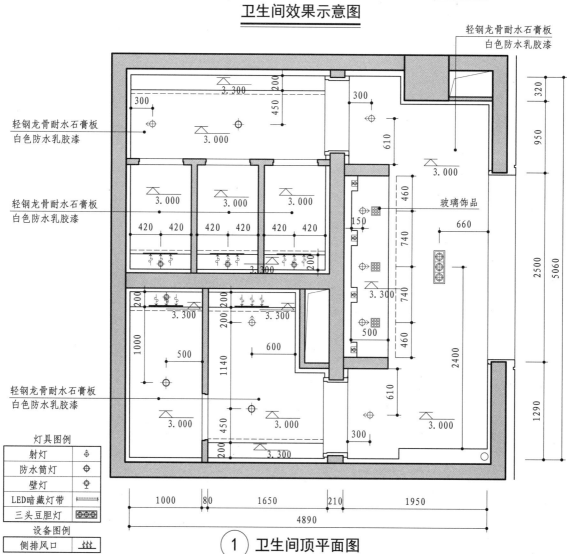

轻钢龙骨耐水石膏板
白色防水乳胶漆

轻钢龙骨耐水石膏板
白色防水乳胶漆

轻钢龙骨耐水石膏板
白色防水乳胶漆

轻钢龙骨耐水石膏板
白色防水乳胶漆

玻璃饰品

灯具图例

射灯	⊕
防水筒灯	⊕
壁灯	⊕
LED暗藏灯带	▭
三头豆胆灯	⊞⊞⊞

设备图例

侧排风口	↟↟↟

① 卫生间顶平面图

坐便器 小便斗 洗手盆

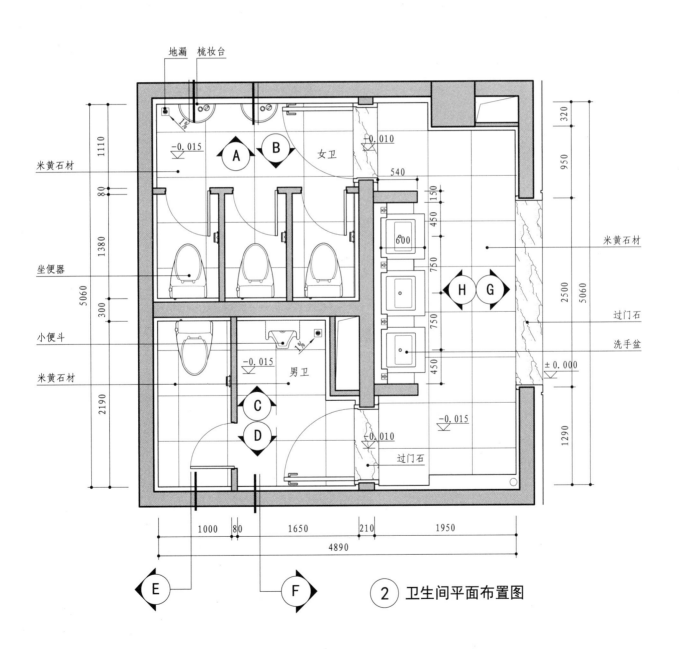

地漏 梳妆台

米黄石材

坐便器

小便斗

米黄石材

−0.015

女卫

−0.010

540

600

H G

米黄石材

过门石

洗手盆

±0.000

男卫

−0.015

过门石

−0.010

1110
80
1380
5060
300
2190

320
950
150
450
750
2500
5060
750
450
1290

1000 80 1650 210 1950
4890

E F ② 卫生间平面布置图

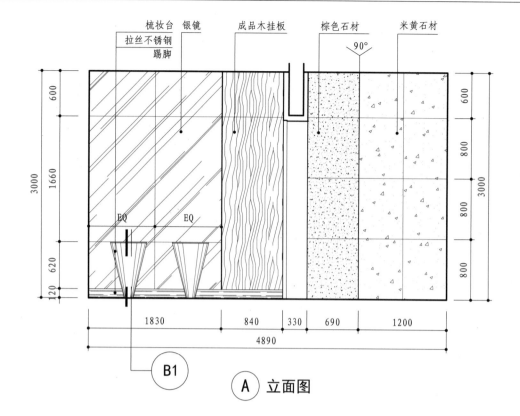

梳妆台　银镜　成品木挂板　棕色石材　米黄石材
拉丝不锈钢
踢脚
90°

EQ　　EQ

600　1660　620　120
3000

600　800　800　800
3000

1830　840　330　690　1200
4890

B1

Ⓐ 立面图

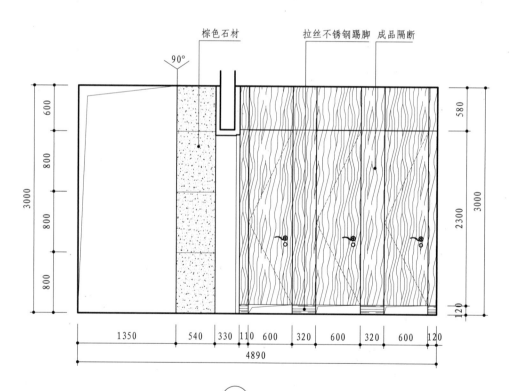

棕色石材　　拉丝不锈钢踢脚 成品隔断
90°

580
600　800　800　800
3000

2300
3000

1350　540　330 110 600　320　600　320　600 120
4890

Ⓑ 立面图

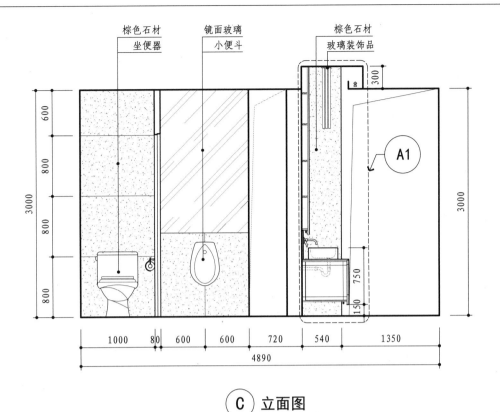

Section2
卫浴设计
案例

商务酒店卫生
间施工图设计

（C）立面图

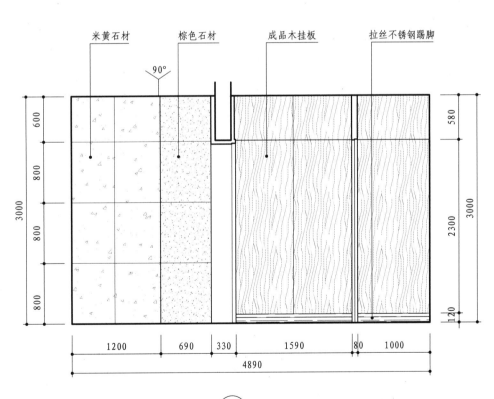

（D）立面图

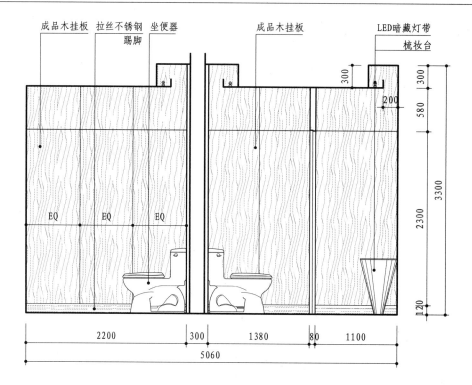

E 立面图

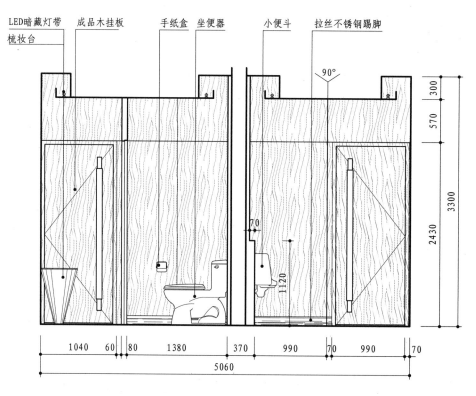

F 立面图

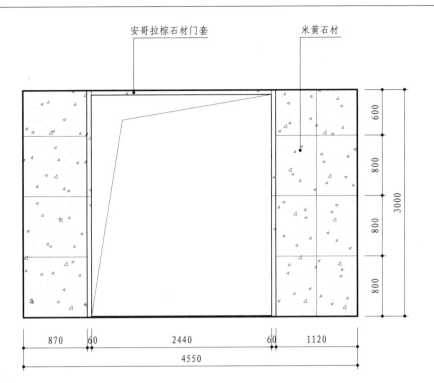

安哥拉棕石材门套　　　米黄石材

600
800
800
800
3000

870　60　2440　60　1120
4550

G 立面图

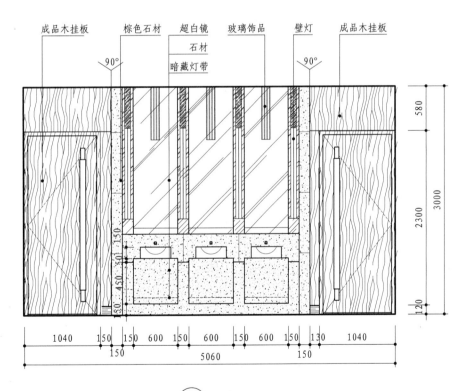

成品木挂板　棕色石材　超白镜　玻璃饰品　壁灯　成品木挂板
　　　　　　　　　　　石材
　　　　　　　　　　暗藏灯带

90°　　　　　　　　　　　　　90°

580
3000
2300
120

1040　150　150　600　150　600　150　600　150　130　1040
150　　　5060　　　150

H 立面图

129

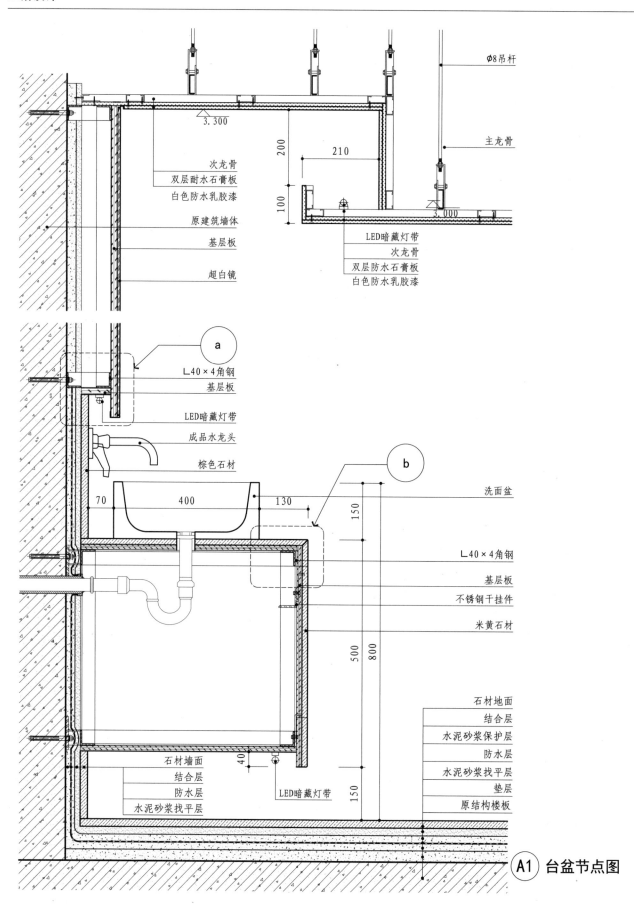

φ8吊杆

主龙骨

3.300

200

210

100

次龙骨
双层耐水石膏板
白色防水乳胶漆

原建筑墙体

基层板

超白镜

LED暗藏灯带
次龙骨
双层防水石膏板
白色防水乳胶漆

3.000

a

L40×4角钢

基层板

LED暗藏灯带

成品水龙头

棕色石材

b

洗面盆

70   400   130

150

L40×4角钢

基层板

不锈钢干挂件

米黄石材

500   800

石材地面
结合层
水泥砂浆保护层
防水层
水泥砂浆找平层
垫层
原结构楼板

石材墙面
结合层
防水层
水泥砂浆找平层

40

LED暗藏灯带

150

A1 台盆节点图

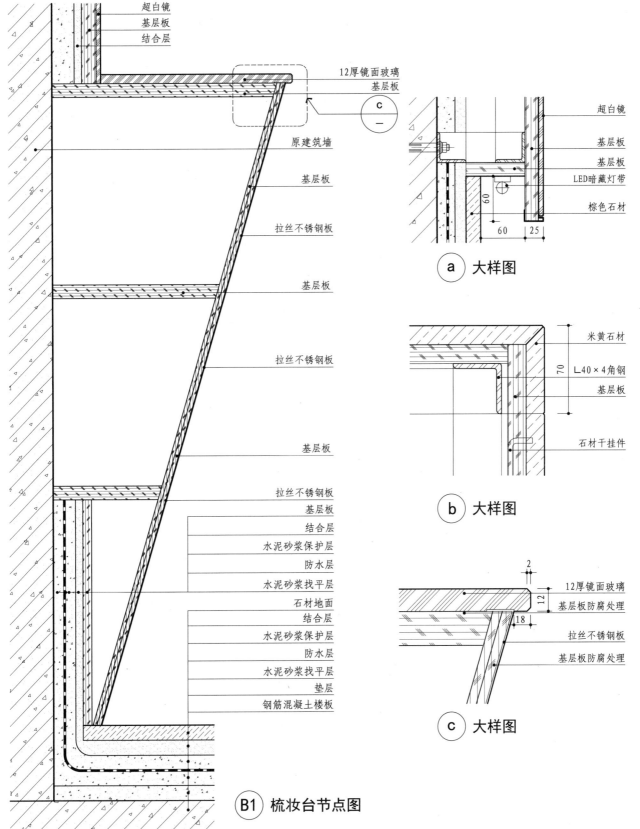

超白镜
基层板
结合层

12厚镜面玻璃
基层板

原建筑墙

基层板

拉丝不锈钢板

基层板

拉丝不锈钢板

基层板

拉丝不锈钢板
基层板
结合层
水泥砂浆保护层
防水层
水泥砂浆找平层
石材地面
结合层
水泥砂浆保护层
防水层
水泥砂浆找平层
垫层
钢筋混凝土楼板

c
—

超白镜
基层板
基层板
LED暗藏灯带
棕色石材

60
60   25

a 大样图

米黄石材
L40×4角钢
基层板
石材干挂件
70

b 大样图

2
12厚镜面玻璃
基层板防腐处理
18
拉丝不锈钢板
基层板防腐处理

c 大样图

B1 梳妆台节点图

Section2
卫浴设计
案例

其他酒店卫生
间概念设计

洗手盆　　　　　　　　　　智能马桶　　　　　　　　　　浴缸

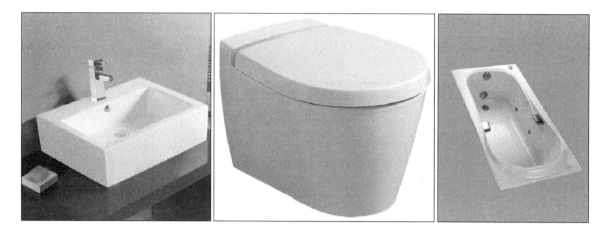

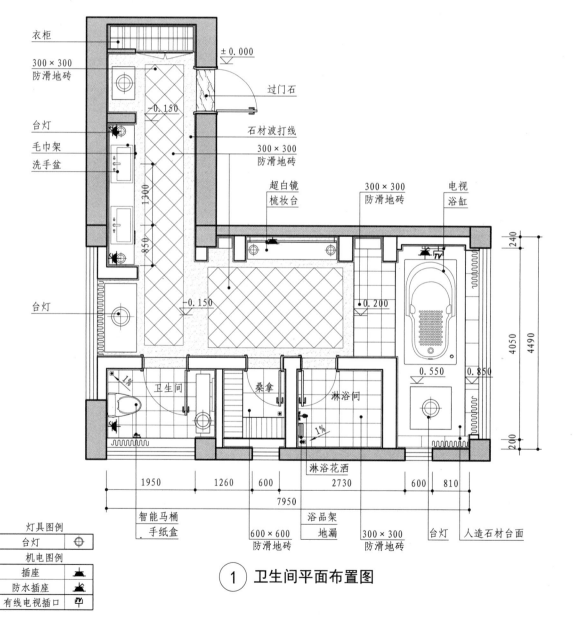

衣柜

300×300
防滑地砖

±0.000

过门石

石材波打线

300×300
防滑地砖

台灯

毛巾架

洗手盆

超白镜
梳妆台

300×300
防滑地砖

电视
浴缸

台灯

智能马桶
手纸盒

600×600
防滑地砖

淋浴花洒

浴品架
地漏

300×300
防滑地砖

台灯

人造石材台面

灯具图例

台灯	⊕

机电图例

插座	
防水插座	
有线电视插口	

① 卫生间平面布置图

卫生间效果示意图

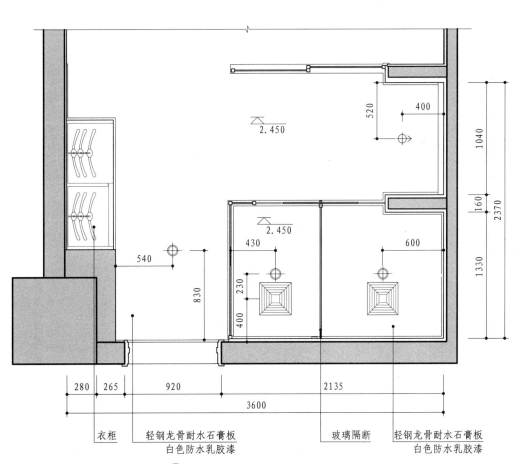

灯具图例		设备图例	
射灯	⊕	排风扇	▦
防水筒灯	⊕		

① 卫生间顶平面图

坐便器   洗手盆   淋浴花洒

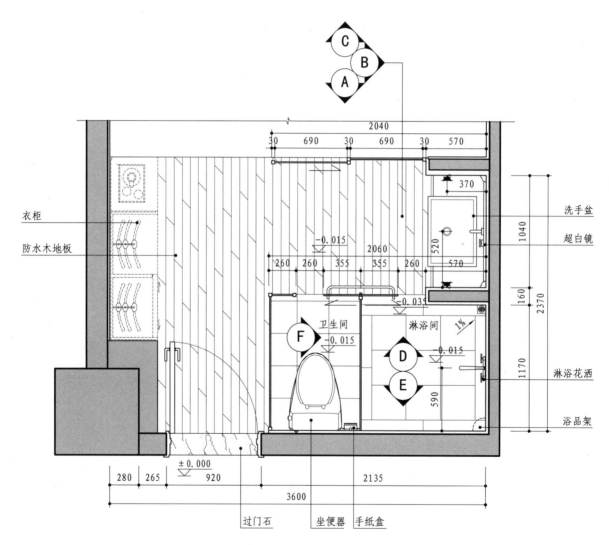

② 卫生间平面布置图

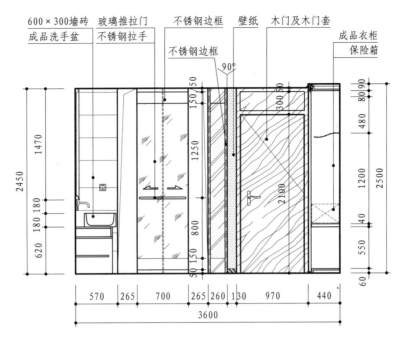

A 立面图

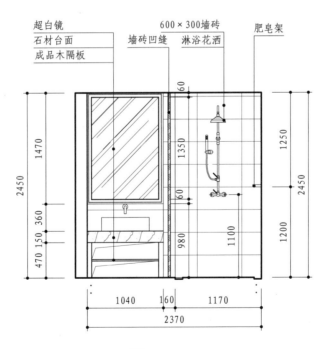

B 立面图

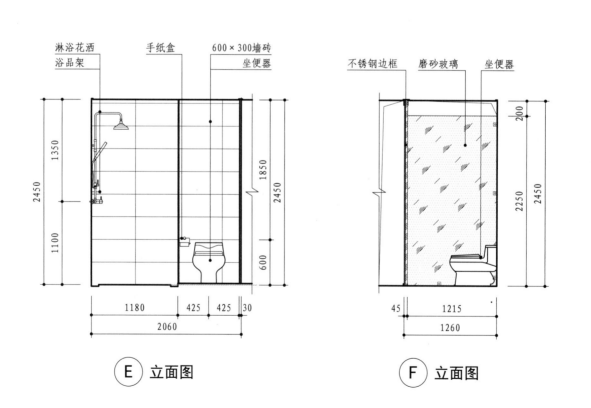

不锈钢边框　600×300墙砖　木质角线刷金漆
夹胶艺术玻璃　防水插座　超白镜
　　　　　成品台上盆

C　立面图

不锈钢边框　钢化清玻璃 600×300墙砖
　　　　　玻璃推拉门　花洒

D　立面图

淋浴花洒　手纸盒　600×300墙砖
浴品架　　　　　坐便器

E　立面图

不锈钢边框　磨砂玻璃　坐便器

F　立面图

卫生间效果示意图

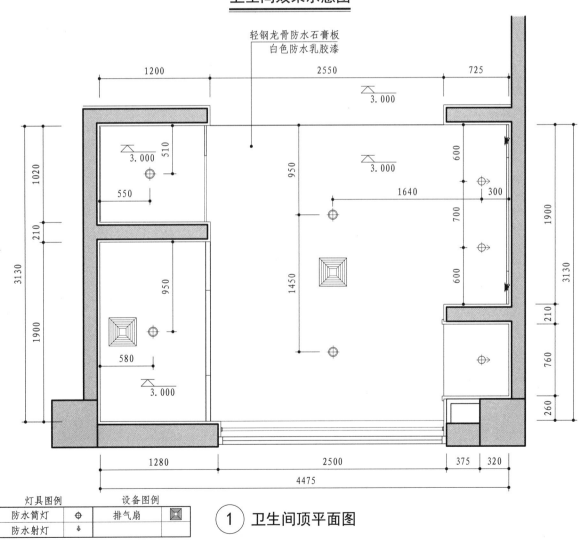

轻钢龙骨防水石膏板
白色防水乳胶漆

灯具图例		设备图例	
防水筒灯	⊕	排气扇	▣
防水射灯	⊕		

① **卫生间顶平面图**

独立浴缸　　　　　　净身盆　　落地龙头　　　　台上盆

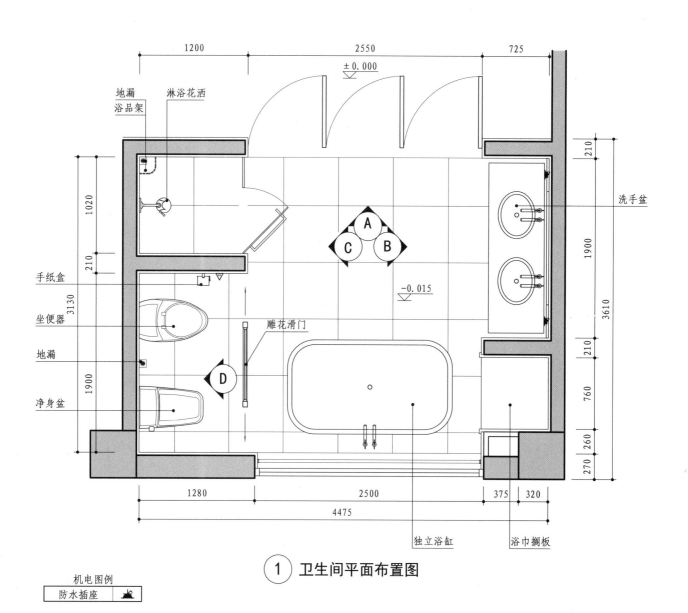

① 卫生间平面布置图

机电图例

防水插座

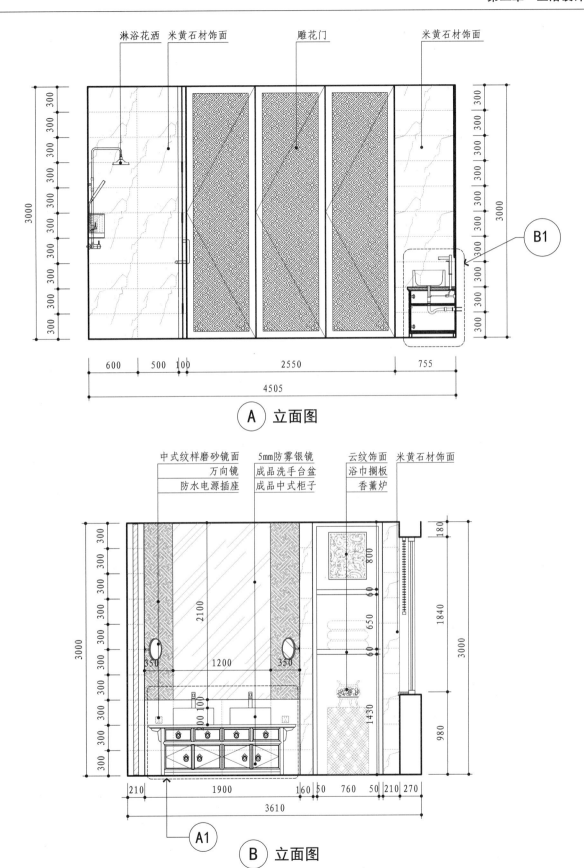

淋浴花洒　米黄石材饰面　　雕花门　　米黄石材饰面

B1

A　立面图

中式纹样磨砂镜面　5mm防雾银镜　　云纹饰面　米黄石材饰面
万向镜　　　　成品洗手台盆　　浴巾搁板
防水电源插座　　成品中式柜子　　香薰炉

A1

B　立面图

Section2
卫浴设计
案例

其他酒店卫生
间施工图设计

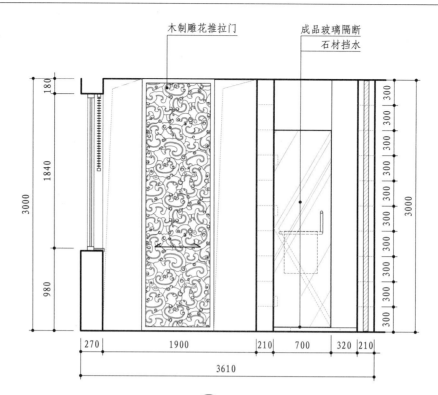

木制雕花推拉门　　成品玻璃隔断　石材挡水

180　1840　980　3000

270　1900　210　700　320　210

3610

Ⓒ 立面图

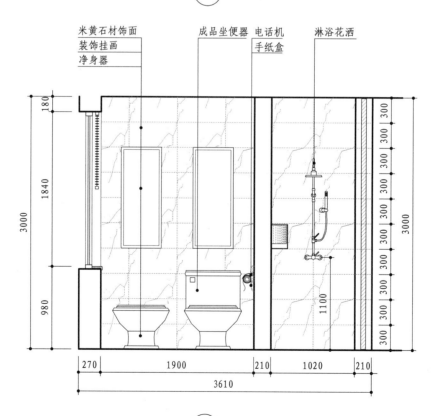

米黄石材饰面　　成品坐便器　电话机　淋浴花洒
装饰挂画　　　　　　　　　　手纸盒
净身器

180　1840　980　3000　1100

270　1900　210　1020　210

3610

Ⓓ 立面图

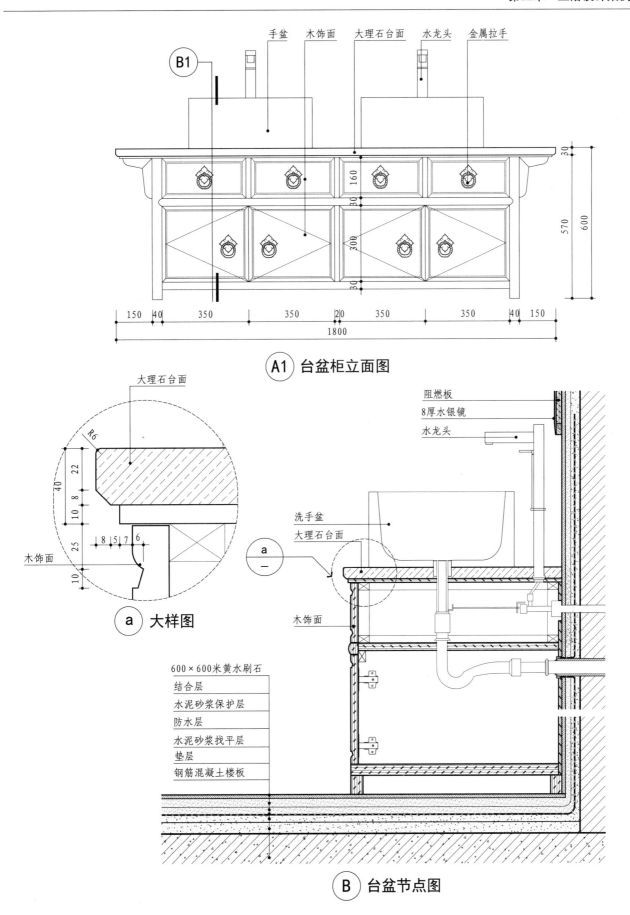

手盆　木饰面　大理石台面　水龙头　金属拉手

B1

30
570
600
160
30
300
30

150　40　350　350　20　350　350　40　150
1800

Ⓐ1 **台盆柜立面图**

大理石台面

R6
40 22
8
10 8
25
10
8 5 7 6
木饰面

ⓐ **大样图**

阻燃板
8厚水银镜
水龙头

洗手盆
大理石台面

a
—

木饰面

600×600米黄水刷石
结合层
水泥砂浆保护层
防水层
水泥砂浆找平层
垫层
钢筋混凝土楼板

Ⓑ **台盆节点图**

坐便器 小便斗 洗手盆

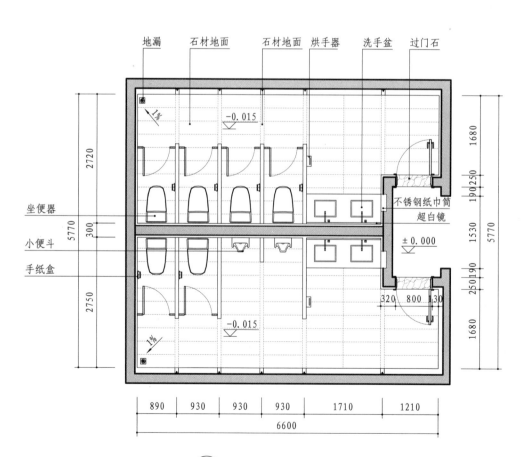

(1) 卫生间平面布置图

卫生间效果示意图

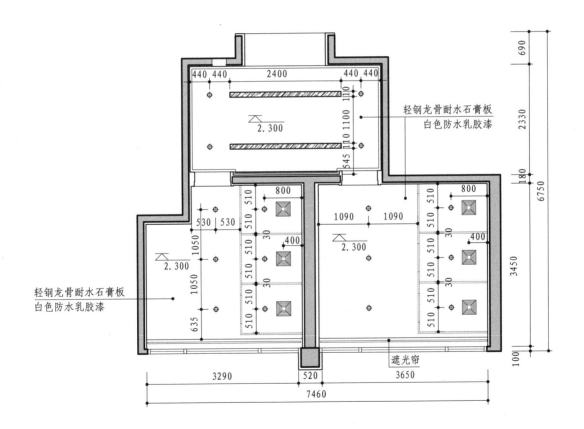

轻钢龙骨耐水石膏板
白色防水乳胶漆

轻钢龙骨耐水石膏板
白色防水乳胶漆

遮光帘

灯具图例		设备图例	
防水筒灯	⊕	排气扇	▣
透光片	▧		

（1）卫生间顶平面图

三合一烘手器   小便斗   蹲便器

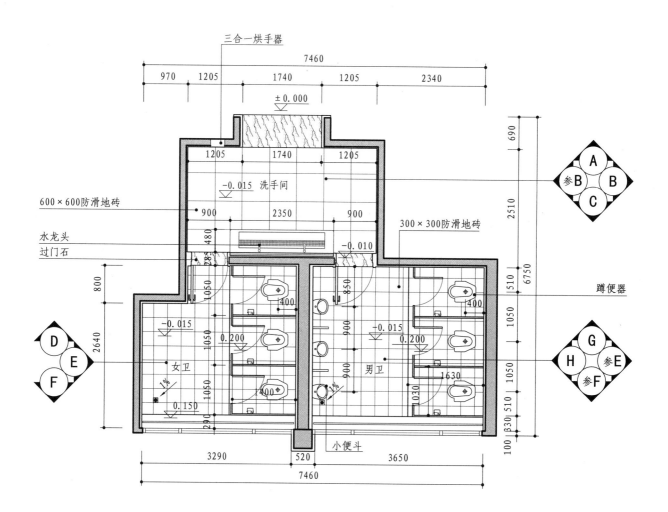

② 卫生间平面布置图

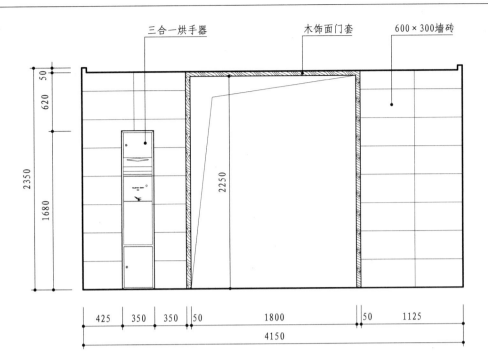

三合一烘手器　　　木饰面门套　　　600×300墙砖

50
620
2350
1680
2250

425 350 350 50 1800 50 1125
4150

(A) 立面图

Section2
卫浴设计
案例

办公楼卫生
间方案设计

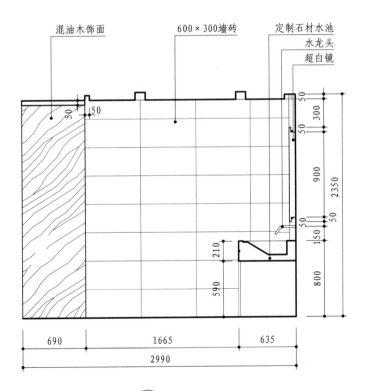

混油木饰面　　　600×300墙砖　　　定制石材水池
水龙头
超白镜

50 150
50
300
50
900
2350
50
210
150
50
590
800

690 1665 635
2990

(B) 立面图

Section2
卫浴设计
案例

办公楼卫生
间方案设计

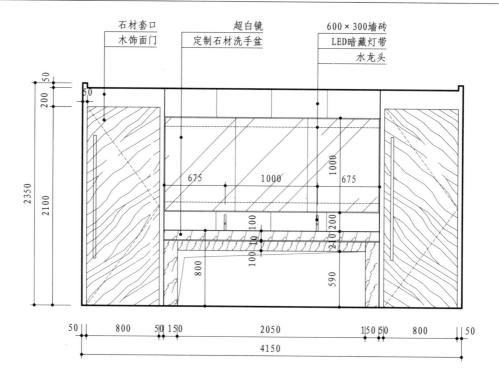

石材套口
木饰面门
超白镜
定制石材洗手盆
600×300墙砖
LED暗藏灯带
水龙头

2350
2100
50
50
200
50
675
1000
1000
675
100 100
100
800
210 200
590
50 800 50 150 2050 150 50 800 50
4150

C 立面图

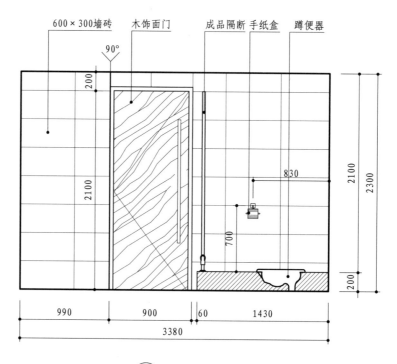

600×300墙砖
木饰面门
成品隔断
手纸盒
蹲便器

90°
200
2100
830
700
2100
2300
200
990 900 60 1430
3380

D 立面图

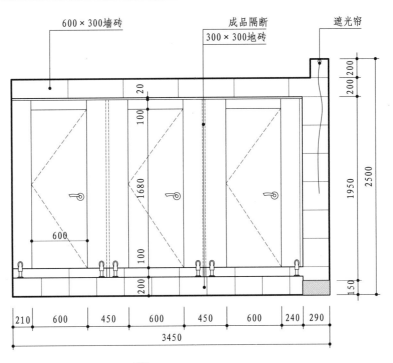

E 立面图

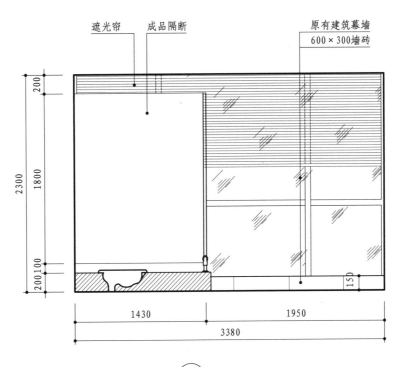

F 立面图

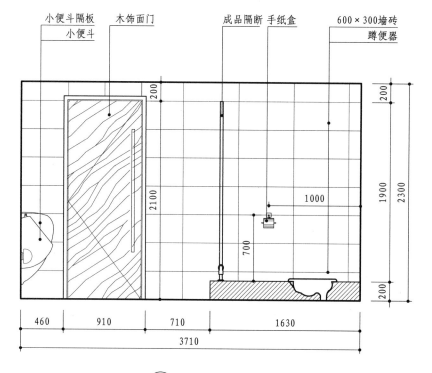

小便斗隔板　木饰面门　成品隔断 手纸盒　600×300墙砖
小便斗　　　　　　　　　　　　　　蹲便器

200
2100
200
1900
2300
1000
700
200

460　910　710　1630
3710

G　立面图

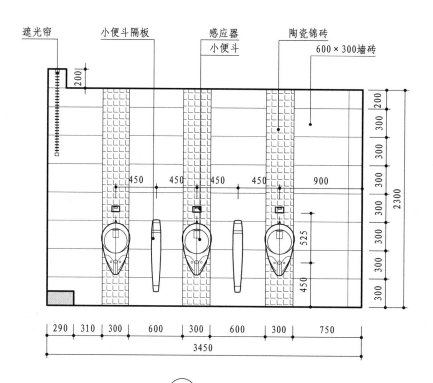

遮光帘　小便斗隔板　感应器　陶瓷锦砖
小便斗　600×300墙砖

200
200
300
300
300
450　450　450　450　900
300
2300
300
525
300
450
300

290 310 300 600 300 600 300 750
3450

H　立面图

卫生间效果示意图

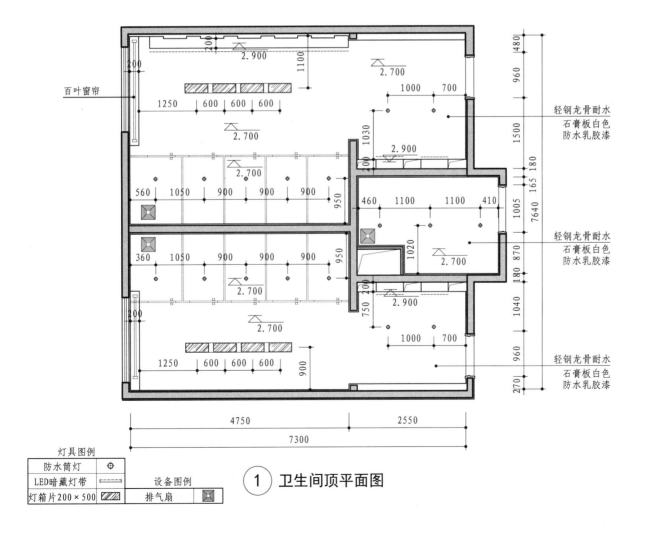

百叶窗帘

轻钢龙骨耐水
石膏板白色
防水乳胶漆

轻钢龙骨耐水
石膏板白色
防水乳胶漆

轻钢龙骨耐水
石膏板白色
防水乳胶漆

灯具图例	
防水筒灯	⊕
LED暗藏灯带	-----
灯箱片200×500	▨

设备图例	
排气扇	▣

① 卫生间顶平面图

小便斗　　　　　　　　蹲便器　　　　　　　　洗手盆

Section2
卫浴设计
案例

办公楼卫生间
施工图设计

三合一烘手器

990　800　800　800　800　1000

小便斗　225

地漏

300×300
防滑地砖　1800

男卫

−0.015

1‰

过门石

960　480

±0.000

1500

蹲便器

1950

7495

成品钢制
厕卫隔断　210

550　1050　900　900　900

0.185

N
R　P
Q

165　180

7640　1005

300×300
防滑地砖

墩布池

洗手盆

1340

0.185

1‰

870　180

300×300
防滑地砖　1800

女卫

−0.015

1‰

700　960

1040

过门石

170

1‰

960　270

三合一烘手器

4750　180　2370

7300

G
K　H
J

M　L

② 卫生间平面布置图

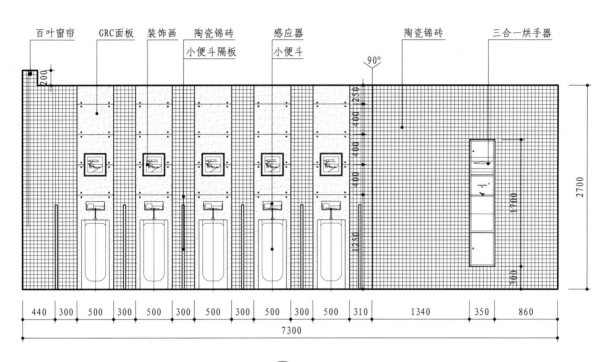

$\left(\begin{array}{c}A\end{array}\right)$ 立面图

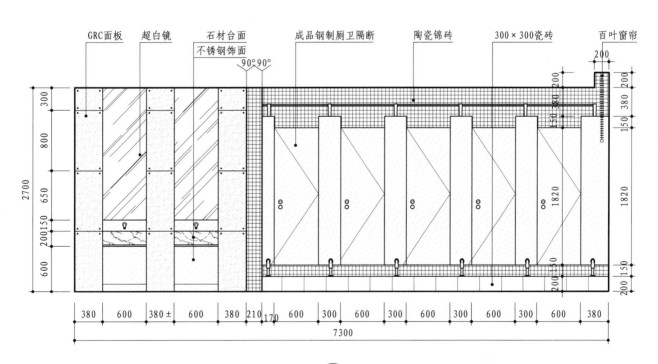

$\left(\begin{array}{c}C\end{array}\right)$ 立面图

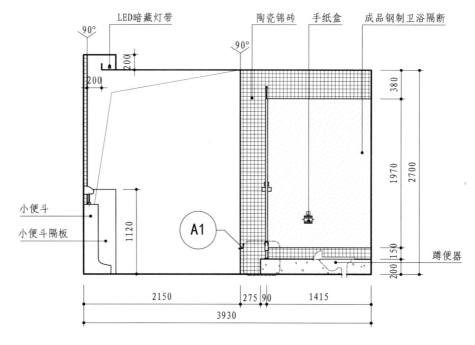

LED暗藏灯带　　陶瓷锦砖　　手纸盒　　成品钢制卫浴隔断

90°
90°
200
200
380
2700
1970
150
200

小便斗
小便斗隔板
1120

A1

蹲便器

2150　　　275　90　　1415
3930

B 立面图

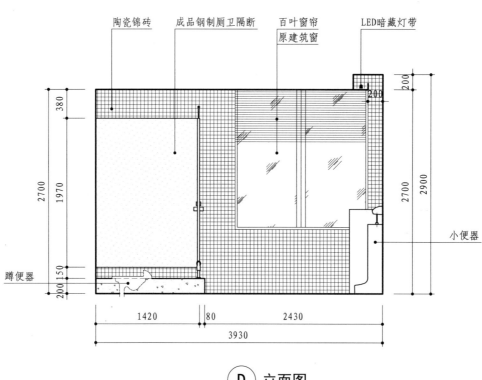

陶瓷锦砖　　成品钢制厕卫隔断　　百叶窗帘 原建筑窗　　LED暗藏灯带

380
2700
1970
200
200
2900
2700

小便器

蹲便器
150
200

1420　　80　　2430
3930

D 立面图

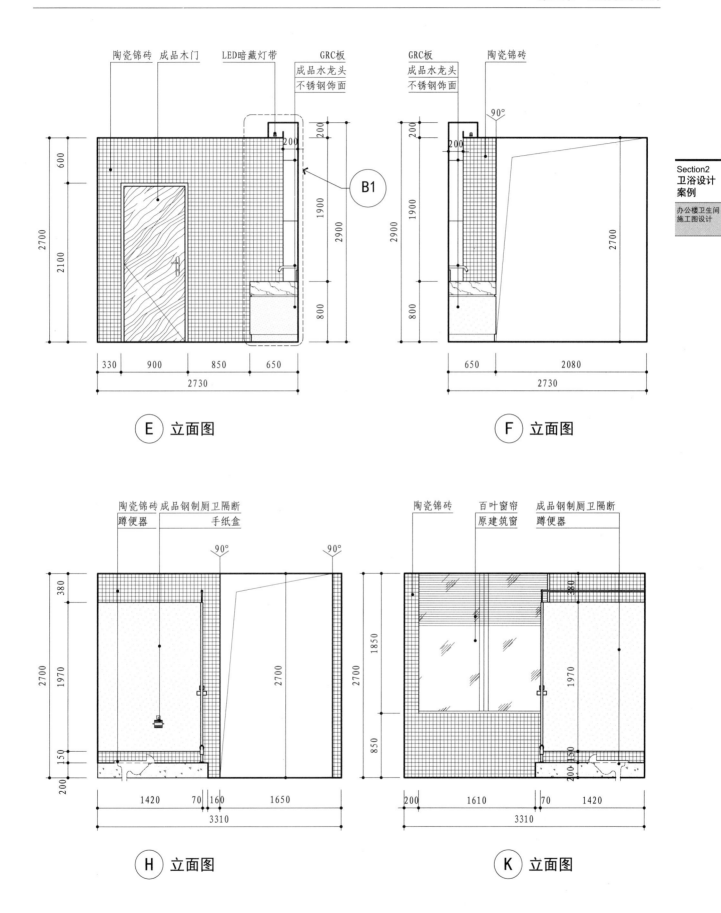

陶瓷锦砖　成品木门　　LED暗藏灯带　　GRC板
成品水龙头
不锈钢饰面

2700
600
2100

200
200
1900
2900
800

B1

E　立面图

GRC板　　　陶瓷锦砖
成品水龙头
不锈钢饰面

90°

200
200
1900
2900
800

2700

650　　　　　2080
2730

F　立面图

陶瓷锦砖　成品钢制厕卫隔断
蹲便器　　　　手纸盒

90°　　　　　90°

380
2700
1970
2700

150
200

1420　　70　160　　　1650
3310

H　立面图

陶瓷锦砖　　百叶窗帘　　成品钢制厕卫隔断
原建筑窗　　蹲便器

380
1850
2700
1970

850

150
200

200　　1610　　　70　　1420
3310

K　立面图

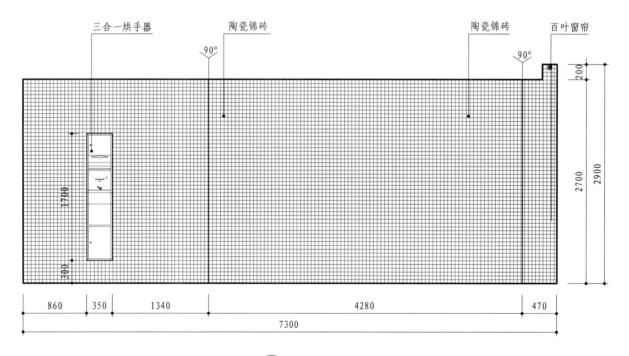

窗帘　陶瓷锦砖　成品钢制厕卫隔断　300×300瓷砖　　GRC面板　超白镜　石材台面
不锈钢饰面

90°90°

200
50 380
1820
200 50

300
800
650
2700
200 150
600

380　600　300　600　300　600　300　600　300　600　170 210　380　600　380　600　380

7300

Ⓖ 立面图

三合一烘手器　　　　　陶瓷锦砖　　　　　　　　　陶瓷锦砖　百叶窗帘

90°　　　　　　　　　　90°

200

1700

300

2700
2900

860　350　1340　　　　4280　　　　470

7300

Ⓙ 立面图

154

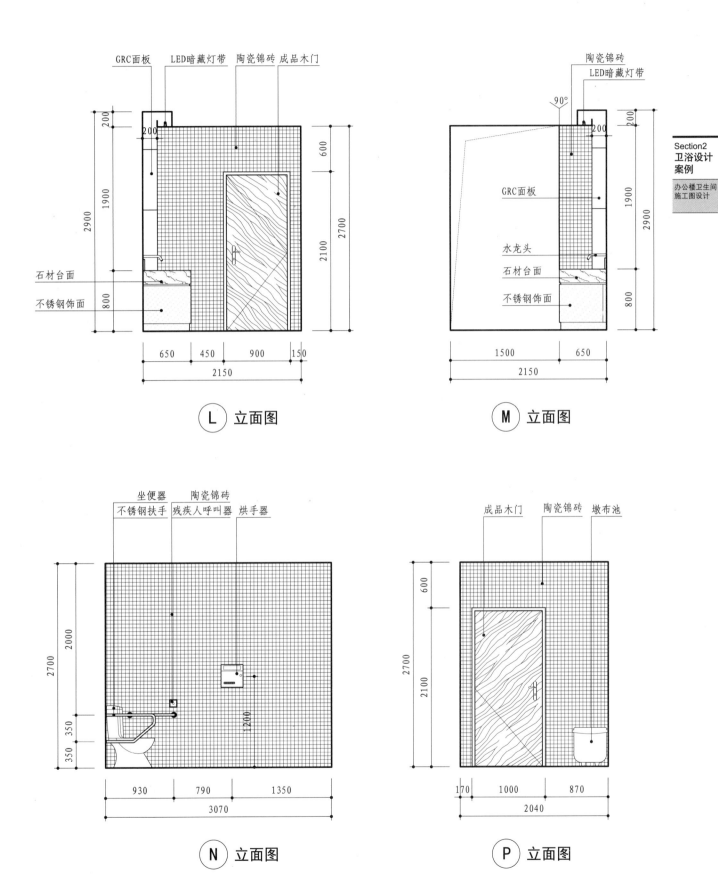

GRC面板　LED暗藏灯带　陶瓷锦砖　成品木门

石材台面

不锈钢饰面

2900
1900
200
200
600
2700
2100
800

650　450　900　150
2150

Ⓛ 立面图

陶瓷锦砖
LED暗藏灯带
90°

GRC面板

水龙头
石材台面
不锈钢饰面

200
200
1900
2900
800

1500　650
2150

Ⓜ 立面图

坐便器　陶瓷锦砖
不锈钢扶手　残疾人呼叫器　烘手器

2700
2000
350
350
350
1200

930　790　1350
3070

Ⓝ 立面图

成品木门　陶瓷锦砖　墩布池

2700
600
2100

170　1000　870
2040

Ⓟ 立面图

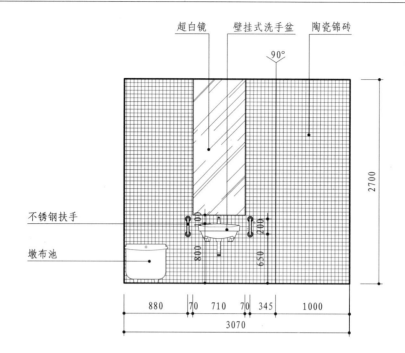

超白镜　壁挂式洗手盆　陶瓷锦砖

90°

2700

不锈钢扶手

墩布池

800　650　200

880　70　710　70　345　1000

3070

$\textcircled{Q}$ 立面图

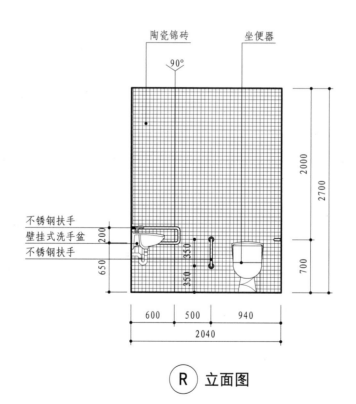

陶瓷锦砖　坐便器

90°

2000

2700

不锈钢扶手
壁挂式洗手盆
不锈钢扶手

200　350　350　700

650　350

600　500　940

2040

$\textcircled{R}$ 立面图

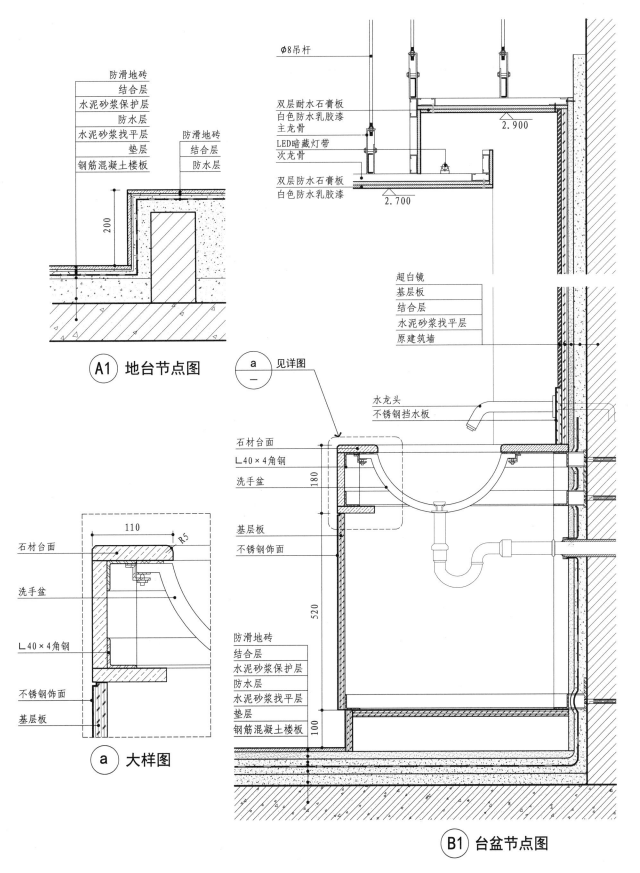

防滑地砖
结合层
水泥砂浆保护层
防水层
水泥砂浆找平层
垫层
钢筋混凝土楼板

防滑地砖
结合层
防水层

200

Ø8吊杆

双层耐水石膏板
白色防水乳胶漆
主龙骨
LED暗藏灯带
次龙骨
双层防水石膏板
白色防水乳胶漆

2.900

2.700

超白镜
基层板
结合层
水泥砂浆找平层
原建筑墙

水龙头
不锈钢挡水板

石材台面
L40×4角钢
洗手盆

180

基层板
不锈钢饰面

520

防滑地砖
结合层
水泥砂浆保护层
防水层
水泥砂浆找平层
垫层
钢筋混凝土楼板

100

（A1）地台节点图

a
—　见详图

（a）大样图

110　R5
石材台面
洗手盆
L40×4角钢
不锈钢饰面
基层板

（B1）台盆节点图

157

洗手盆　　　　　　　　　　小便斗　　　　　　　　　蹲便器

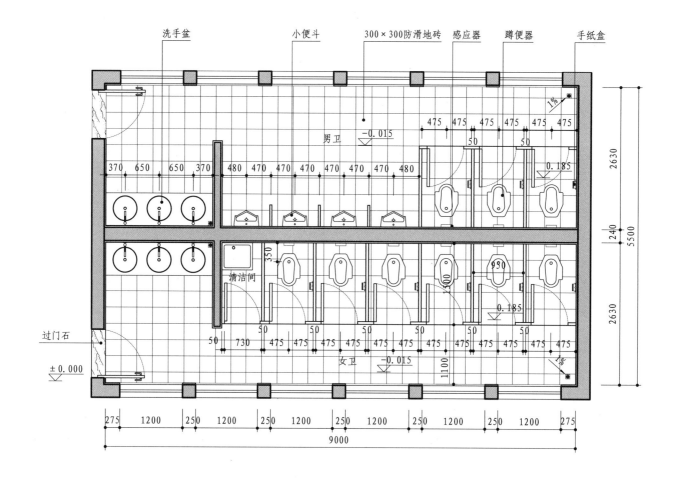

① 卫生间平面布置图

卫生间效果示意图

600×300轻钢龙骨
白色铝扣板吊顶

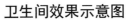

2.700

750

900

900

730

300

2700

3300

300

780

1000　　　　　3100

4100

① 卫生间顶平面图

灯具图例		设备图例	
成品防雾灯	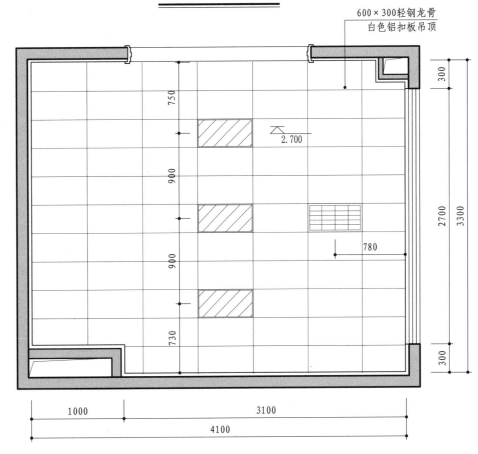	下排风口	

小便斗　　　　　　　　墩布池　　　　　　　　儿童坐便器

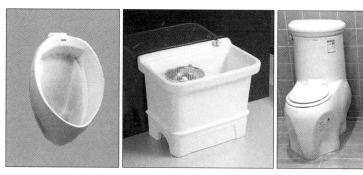

洗手盆　　　　　　　　　　　淋浴花洒

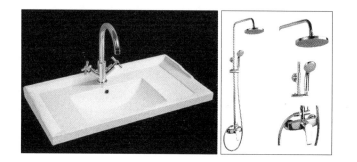

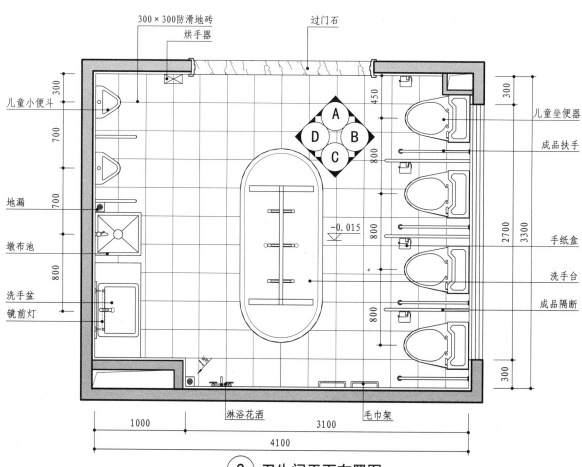

2 卫生间平面布置图

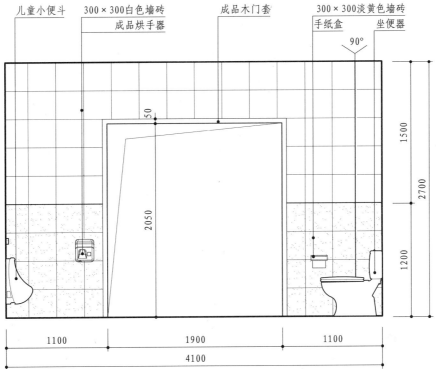

儿童小便斗　300×300白色墙砖　　成品木门套　　300×300淡黄色墙砖
　　　　　　成品烘手器　　　　　　　　手纸盒　　坐便器

Ⓐ 立面图

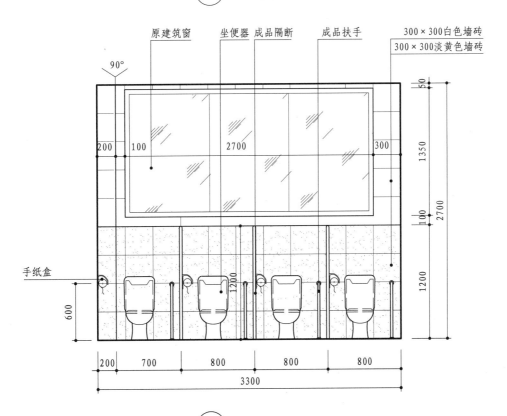

原建筑窗　坐便器　成品隔断　　成品扶手　　300×300白色墙砖
　　　　　　　　　　　　　　　　　　　　　300×300淡黄色墙砖

手纸盒

Ⓑ 立面图

161

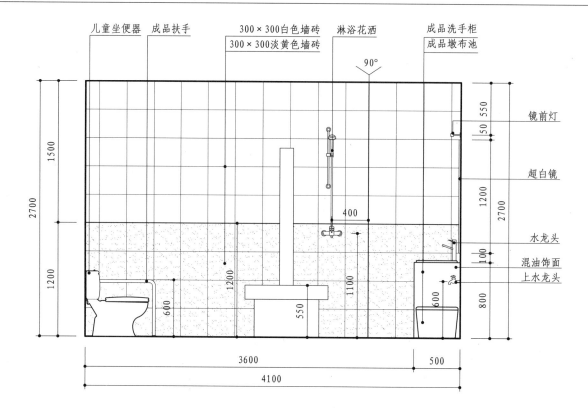

儿童坐便器　成品扶手　300×300白色墙砖　淋浴花洒　成品洗手柜
　　　　　　　　　　300×300淡黄色墙砖　　　　　成品墩布池

90°

镜前灯
超白镜
水龙头
混油饰面
上水龙头

C 立面图

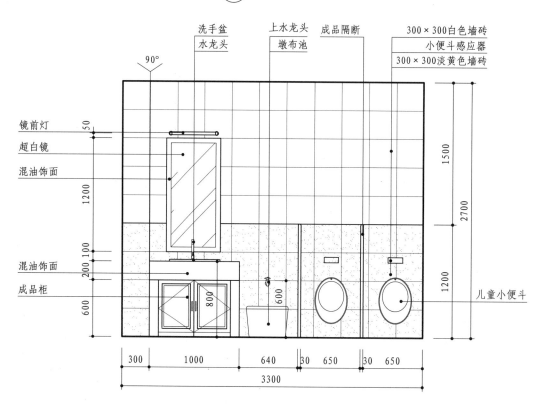

洗手盆　上水龙头　成品隔断　300×300白色墙砖
水龙头　墩布池　　　　　　　小便斗感应器
　　　　　　　　　　　　　　300×300淡黄色墙砖

90°

镜前灯
超白镜
混油饰面

混油饰面
成品柜

儿童小便斗

D 立面图

卫生间效果示意图

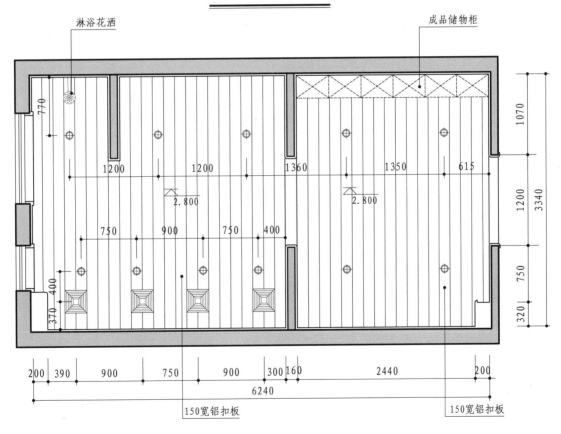

淋浴花洒

成品储物柜

770

1070

1200

1200

1360

1350

615

2.800

2.800

1200

3340

750

320

750

900

750

400

370

400

200 390 900 750 900 300 160 2440 200

6240

150宽铝扣板

150宽铝扣板

(1) 卫生间顶平面图

灯具图例		设备图例	
防水筒灯	⊕	排气扇	▨

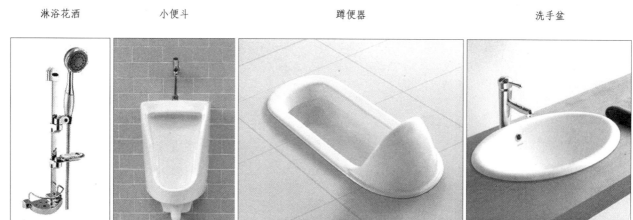

淋浴花洒　　　　　　　　小便斗　　　　　　　　　　蹲便器　　　　　　　　　　　洗手盆

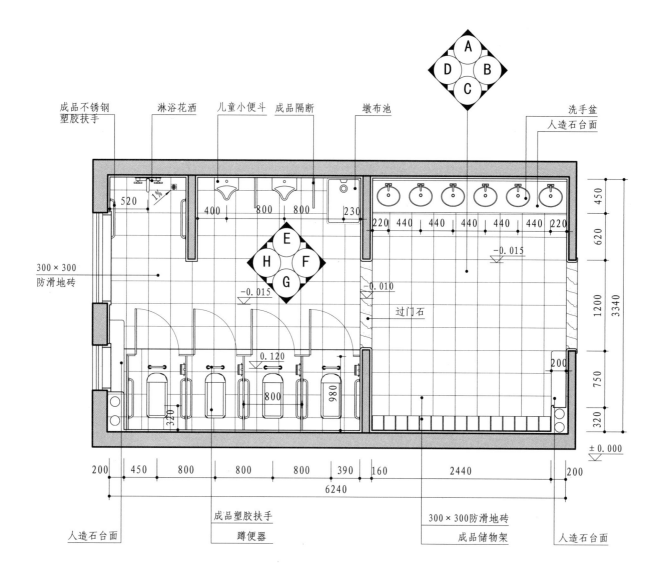

2 卫生间平面布置图

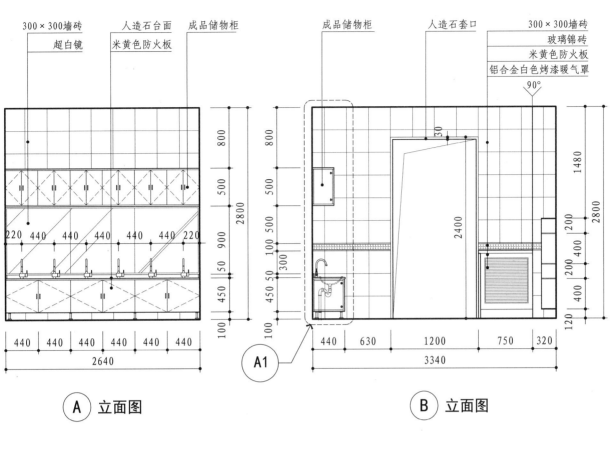

Section2
卫浴设计
案例

幼儿园卫生间
施工图设计

A 立面图

B 立面图

C 立面图

D 立面图

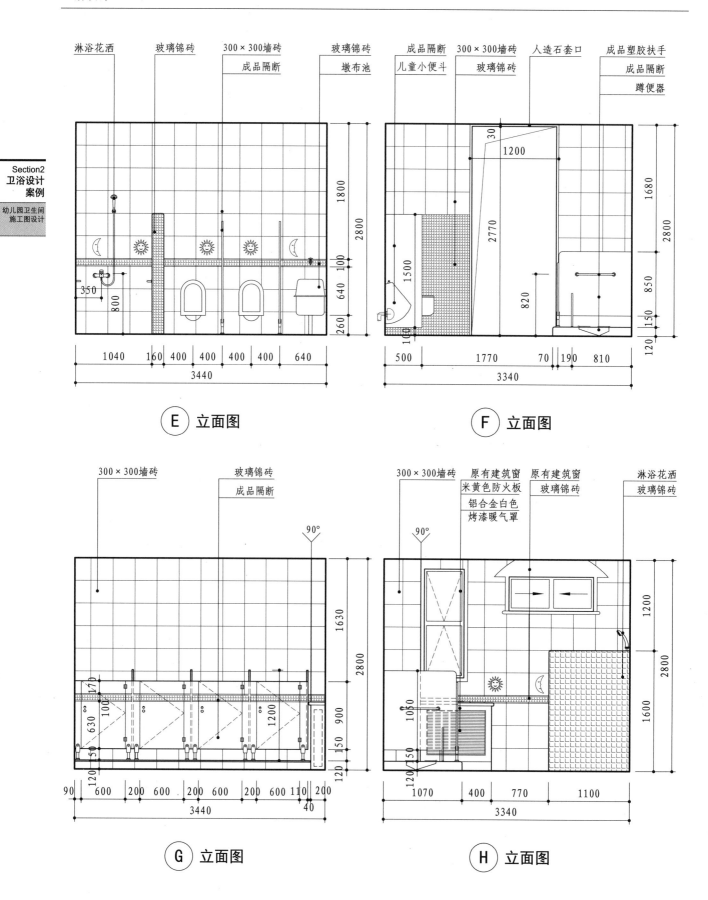

E 立面图

F 立面图

G 立面图

H 立面图

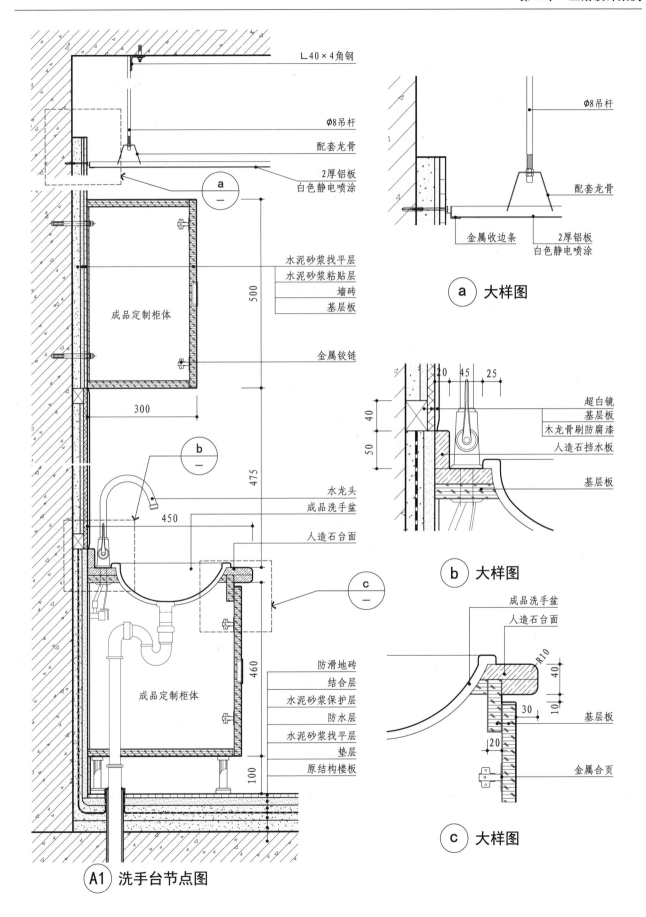

L40×4角钢

Φ8吊杆

配套龙骨

2厚铝板
白色静电喷涂

ⓐ

水泥砂浆找平层
水泥砂浆粘贴层
墙砖
基层板

成品定制柜体

金属铰链

500

300

Φ8吊杆

配套龙骨

金属收边条　2厚铝板
白色静电喷涂

ⓐ 大样图

超白镜
基层板
木龙骨刷防腐漆
人造石挡水板
基层板

ⓑ

475

水龙头
成品洗手盆
人造石台面

450

ⓒ

460

成品定制柜体

防滑地砖
结合层
水泥砂浆保护层
防水层
水泥砂浆找平层
垫层
原结构楼板

100

ⓑ 大样图

成品洗手盆
人造石台面

R10

40

30

10

20

基层板

金属合页

ⓒ 大样图

A1 洗手台节点图

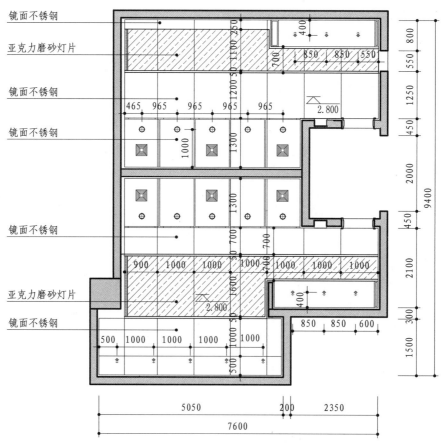

卫生间效果示意图

镜面不锈钢

亚克力磨砂灯片

镜面不锈钢

镜面不锈钢

镜面不锈钢

亚克力磨砂灯片

镜面不锈钢

灯具图例		设备图例	
射灯	✧	排气扇	▣
防水筒灯	⊕		
LED暗藏灯带	⊏===⊐		

① 卫生间顶平面图

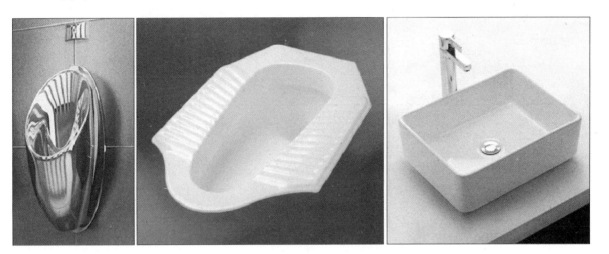

小便斗　　　　　　　　　蹲便器　　　　　　　　　洗手盆

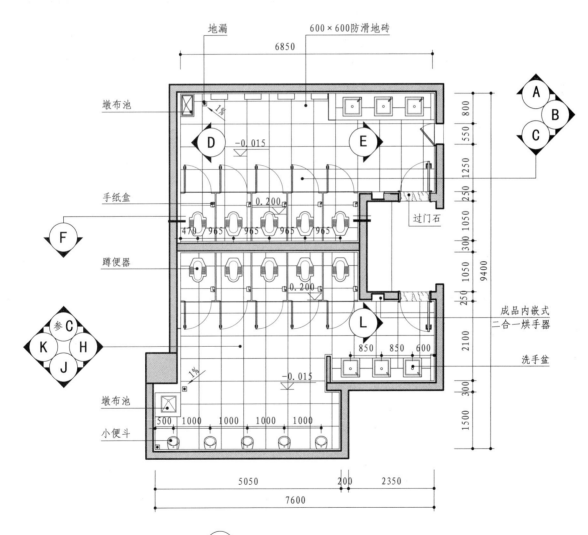

② 卫生间平面布置图

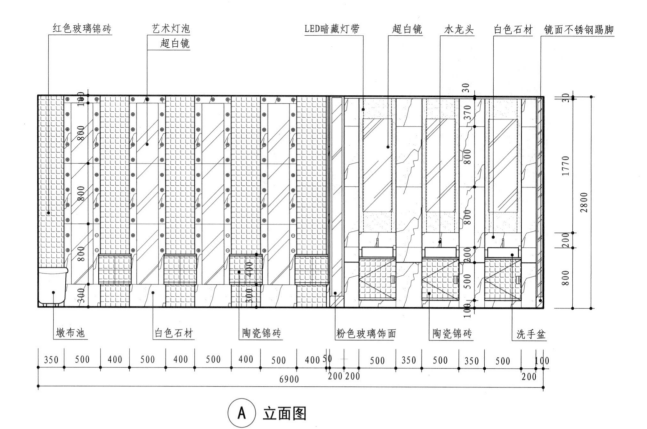

红色玻璃锦砖　艺术灯泡　　LED暗藏灯带　超白镜　水龙头　白色石材　镜面不锈钢踢脚
超白镜

墩布池　　白色石材　　陶瓷锦砖　　粉色玻璃饰面　陶瓷锦砖　　洗手盆

350　500　400　500　400　500　400　500　400 50　　500　350　500　350　500　100
6900　　　　　　　　　　　200 200　　　　　　　　　　　　　　200

Ⓐ 立面图

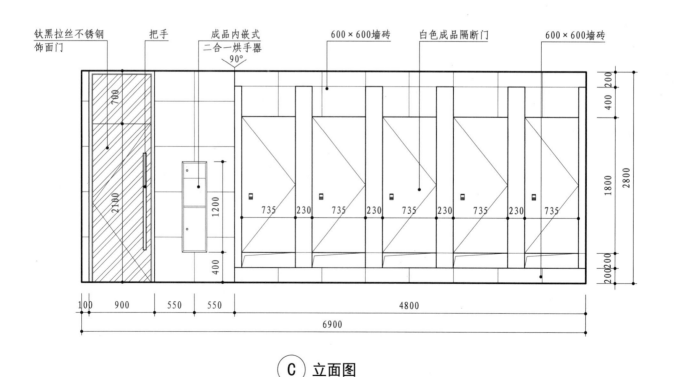

钛黑拉丝不锈钢　把手　　成品内嵌式　　600×600墙砖　　白色成品隔断门　　600×600墙砖
饰面门　　　　　　　　　二合一烘手器
　　　　　　　　　　　　90°

735　230　735　230　735　230　735　230　735

100　900　　550　　550　　　　　　　　　4800
6900

Ⓒ 立面图

170

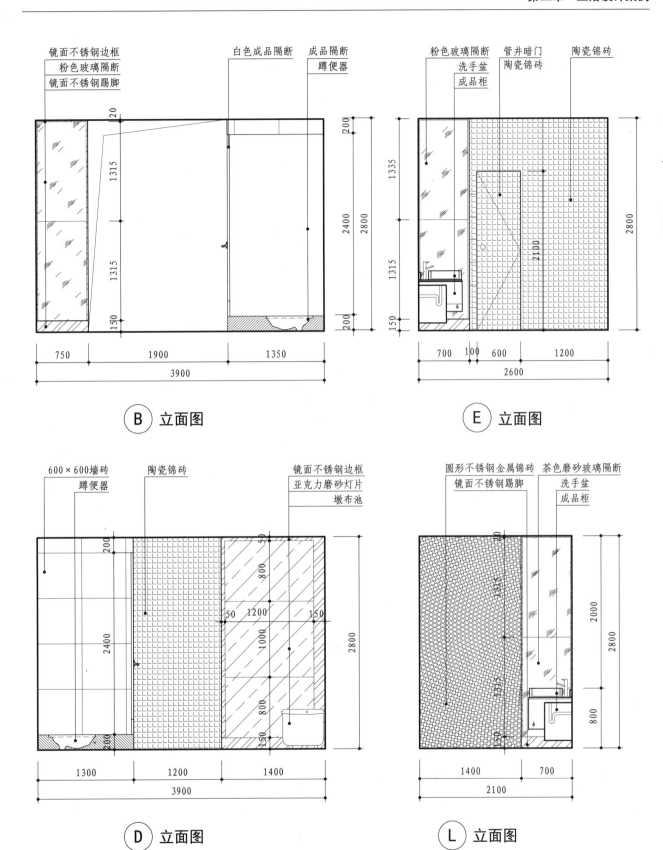

Section2
**卫浴设计
案例**

娱乐空间卫生
间方案设计

B 立面图

E 立面图

D 立面图

L 立面图

Section2
卫浴设计
案例

娱乐空间卫生
间方案设计

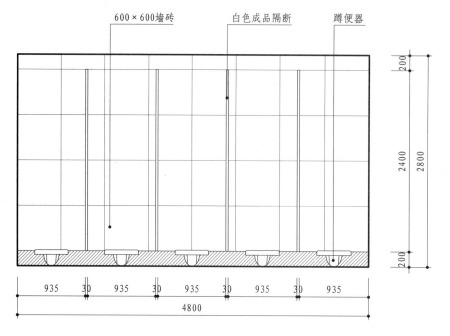

600×600墙砖　　白色成品隔断　　蹲便器

935　30　935　30　935　30　935　30　935
4800

200　2400　2800　200

Ⓕ 立面图

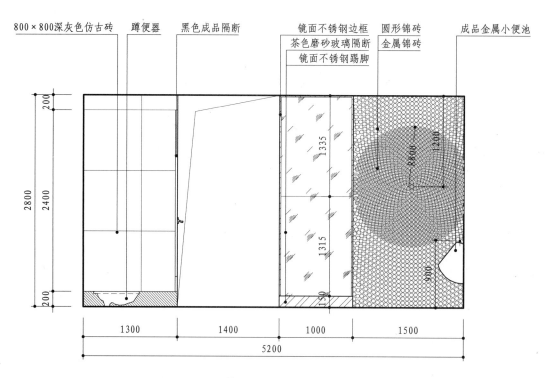

800×800深灰色仿古砖　蹲便器　黑色成品隔断　　镜面不锈钢边框　圆形锦砖　　成品金属小便池
茶色磨砂玻璃隔断　金属锦砖
镜面不锈钢踢脚

200　2400　2800　200

1335　1315　1200　800　900　150

1300　1400　1000　1500
5200

Ⓗ 立面图

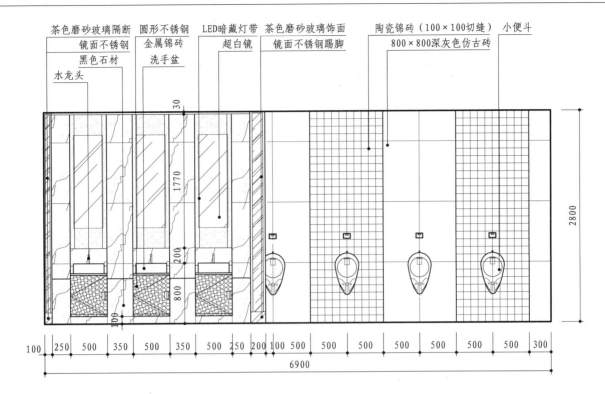

茶色磨砂玻璃隔断　圆形不锈钢　LED暗藏灯带　茶色磨砂玻璃饰面　　陶瓷锦砖（100×100切缝）　小便斗
　镜面不锈钢　金属锦砖　超白镜　镜面不锈钢踢脚　　800×800深灰色仿古砖
　黑色石材　洗手盆
水龙头

100 | 250 | 500 | 350 | 500 | 350 | 500 | 250 | 200 | 100 | 500 | 500 | 500 | 500 | 500 | 500 | 500 | 300
6900

Ⓙ 立面图

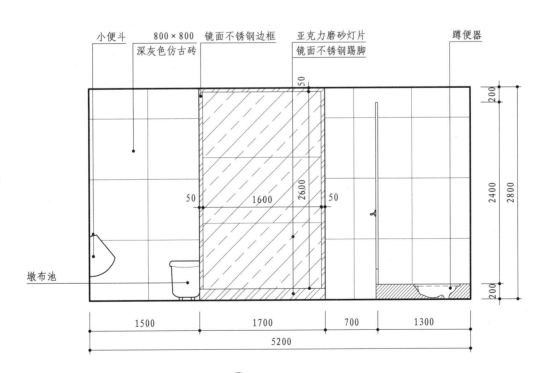

小便斗　　800×800　镜面不锈钢边框　亚克力磨砂灯片　　　　　蹲便器
　深灰色仿古砖　　　镜面不锈钢踢脚

墩布池

1500 | 1700 | 700 | 1300
5200

Ⓚ 立面图

卫生间效果示意图

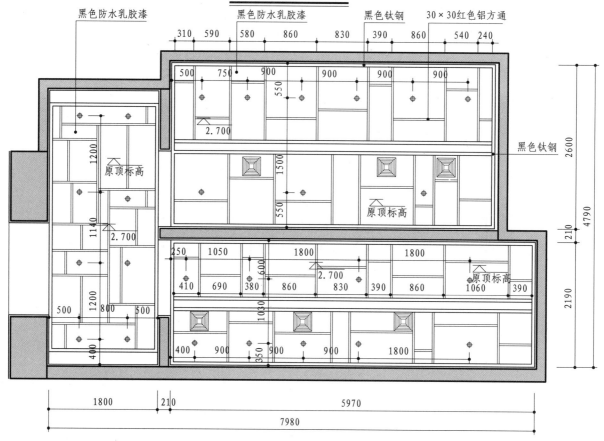

灯具图例		设备图例	
防水筒灯	⊕	排气扇	▦

① 卫生间顶平面图

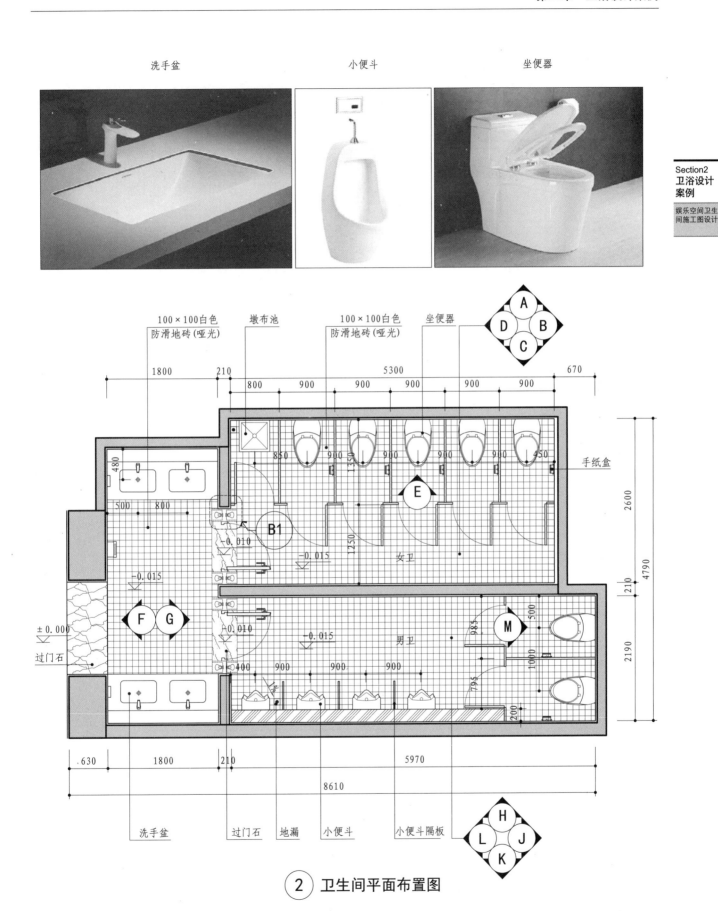

洗手盆　　　　　　　　　　　小便斗　　　　　　　　　　　坐便器

② 卫生间平面布置图

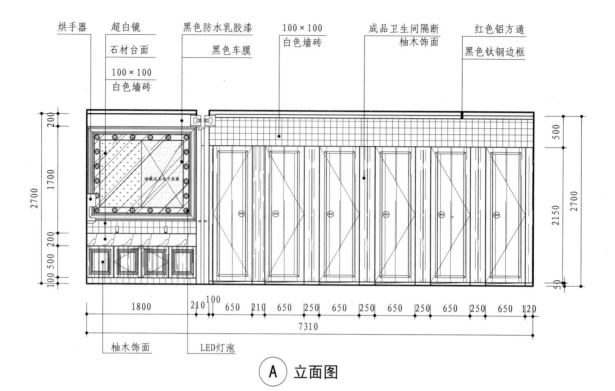

烘手器　超白镜　黑色防水乳胶漆　100×100　成品卫生间隔断　红色铝方通
石材台面　黑色车膜　白色墙砖　柚木饰面　黑色钛钢边框
100×100
白色墙砖

柚木饰面　LED灯泡

Ⓐ 立面图

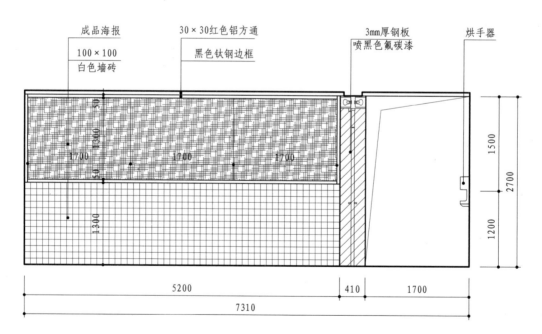

成品海报　30×30红色铝方通　3mm厚钢板　烘手器
100×100　黑色钛钢边框　喷黑色氟碳漆
白色墙砖

Ⓒ 立面图

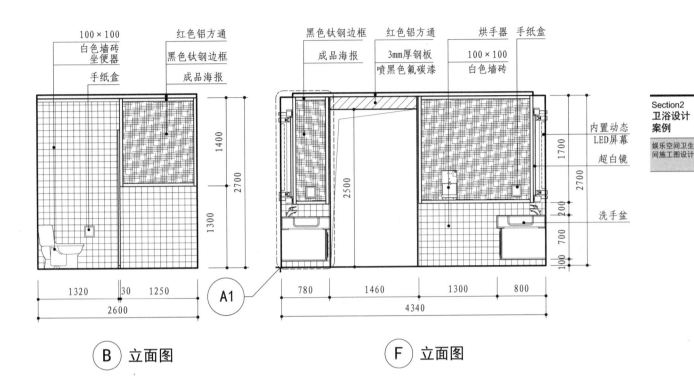

B　立面图

F　立面图

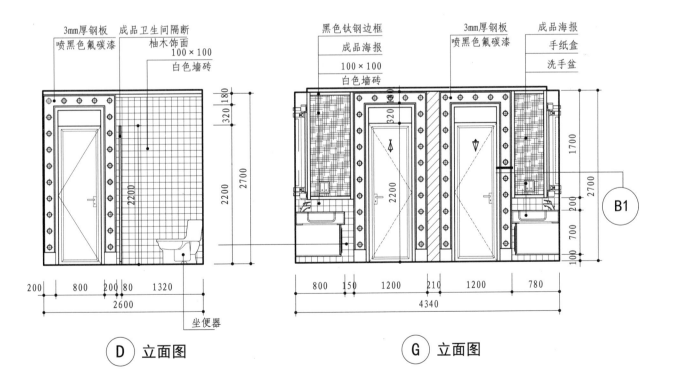

D　立面图

G　立面图

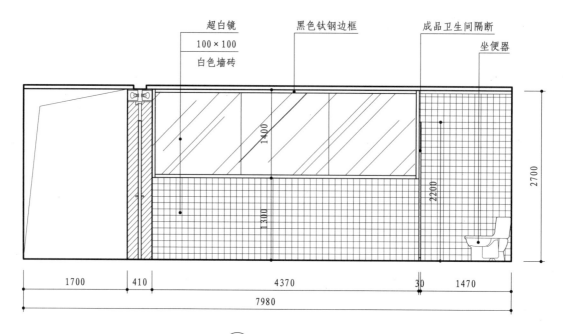

超白镜　　　　黑色钛钢边框　　　成品卫生间隔断

100×100　　　　　　　　　　　　　坐便器

白色墙砖

1400

2200　　1300

2700

1700　　410　　　　4370　　　　30　　1470

7980

H　立面图

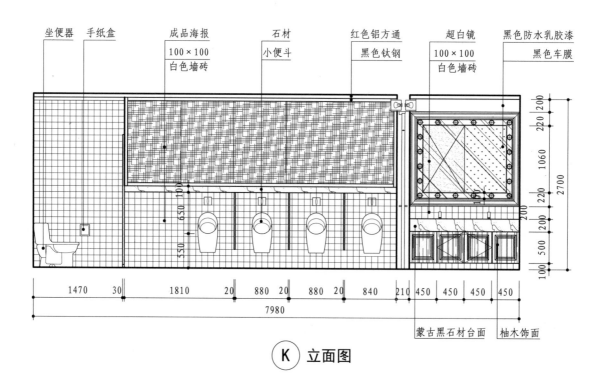

坐便器　手纸盒　　成品海报　　　石材　　　红色铝方通　　超白镜　　黑色防水乳胶漆

100×100　　小便斗　　黑色钛钢　　100×100　　黑色车膜

白色墙砖　　　　　　　　　　白色墙砖

200 200

220

1060

650 110

220

2700

550

200

200

500

100

1470　　30　　1810　　20　880 20　880 20　840　210 450　450　450　450

7980

蒙古黑石材台面　　柚木饰面

K　立面图

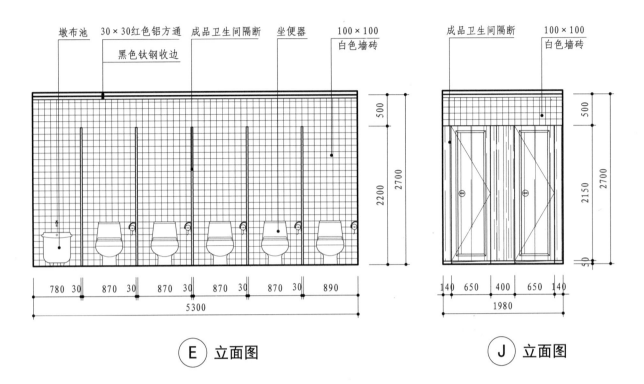

墩布池　30×30红色铝方通　成品卫生间隔断　坐便器　100×100 白色墙砖

黑色钛钢收边

500　2200　2700

780　30　870　30　870　30　870　30　870　30　890

5300

Ⓔ 立面图

成品卫生间隔断　100×100 白色墙砖

500　2150　2700　50

140　650　400　650　140

1980

Ⓙ 立面图

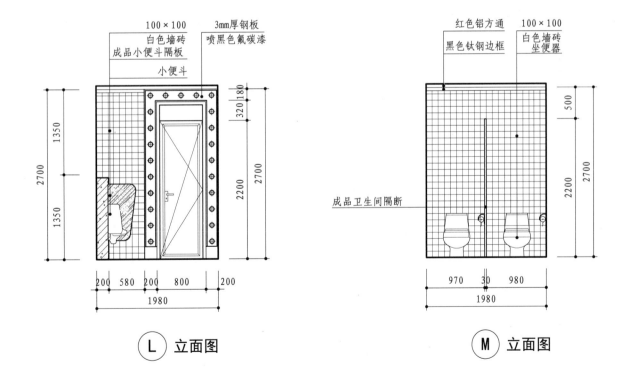

100×100 白色墙砖　3mm厚钢板 喷黑色氟碳漆

成品小便斗隔板

小便斗

320 180　2200　2700

1350　2700　1350

200　580　200　800　200

1980

Ⓛ 立面图

红色铝方通　100×100 白色墙砖 坐便器

黑色钛钢边框

500　2200　2700

成品卫生间隔断

970　30　980

1980

Ⓜ 立面图

179

防水黑色乳胶漆
水泥砂浆找平
建筑墙体

镜面装饰边框

LED光源装饰灯罩

香槟金色金属装饰内框

内置动态LED屏幕

超白镜

曲臂支撑杠杆

120
80

C1

1100
1500

80
80
120

100×100白色墙砖
成品水龙头

200
250   410   140

蒙古黑石材台面

L40×4角钢

装饰柜门

成品合页

防滑地砖

结合层

水泥砂浆保护层

防水层

水泥砂浆找平层

垫层

原结构楼板

200
500
800
100

60

A1 洗手盆节点图

白色墙砖
结合层
水泥砂浆保护层
防水层
水泥砂浆找平层
原建筑墙

钢板造型内部空腔走电源线

安装光源座板
内衬基层板

成品门

LED光源
乳白色造型灯罩
成品定制
3mm厚钢板整体焊接成型
氟碳喷涂黑色面漆

钢板造型一侧留口
预留安装管线工作空间

B1 门套节点图

香槟金色金属装饰内框
LED光源装饰灯罩

12 8

80
20
80
120
20

80   20
100

镜面木装饰边框

C1 节点图

洗手盆　　　　　　　　坐便器　　　　　　　淋浴花洒

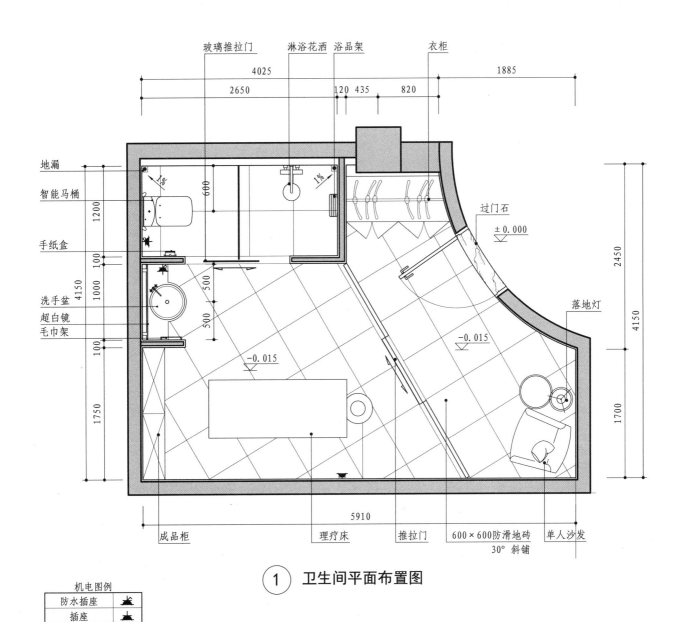

① 卫生间平面布置图

机电图例

防水插座	
插座	

卫生间效果示意图

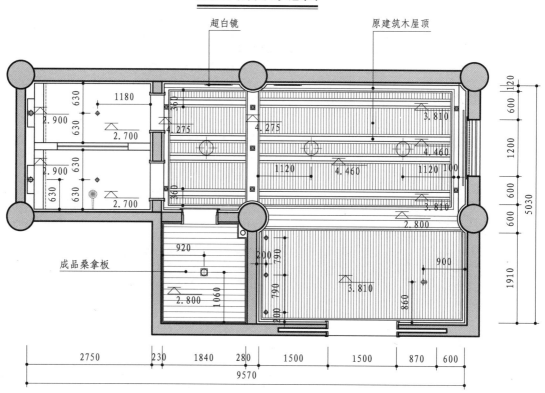

超白镜   原建筑木屋顶

成品桑拿板

① 卫生间顶平面图

灯具图例	
射灯	⊕
防水筒灯	⊕
LED暗藏灯带	⊏---⊐
成品吊灯	⊖
防爆灯	⊡
双向射灯	⊞

智能马桶　　　　淋浴花洒　　　　　　洗手盆　　　　　　　　浴缸

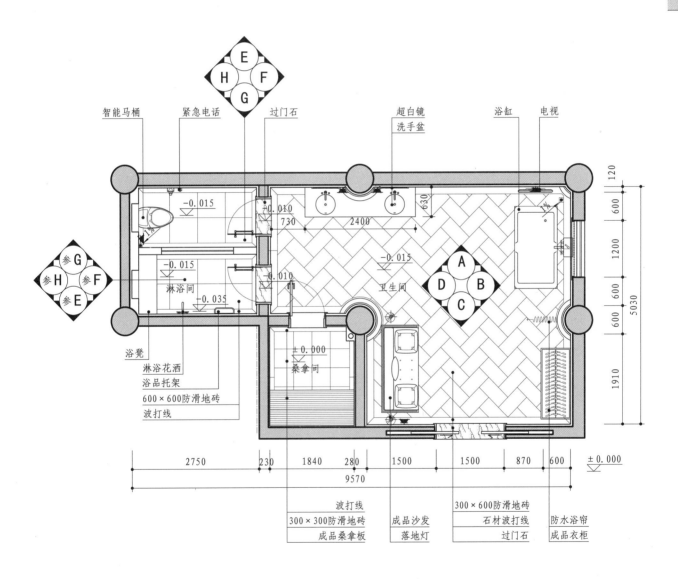

智能马桶　紧急电话　过门石　　　超白镜　浴缸　电视
　　　　　　　　　　　　　洗手盆

浴凳
淋浴花洒
浴品托架
600×600防滑地砖
波打线

波打线
300×300防滑地砖
成品桑拿板

成品沙发
落地灯

300×600防滑地砖
石材波打线
过门石

防水浴帘
成品衣柜

② 卫生间平面布置图

机电图例

防水插座	
插座	

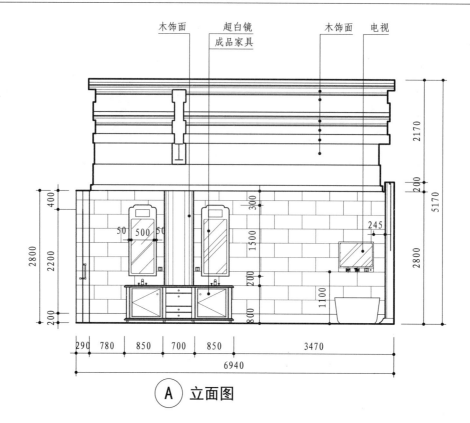

木饰面　超白镜　木饰面　电视
　　　成品家具

A 立面图

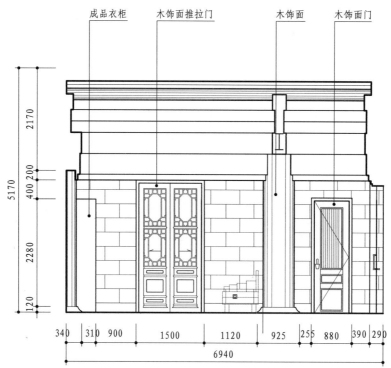

成品衣柜　木饰面推拉门　木饰面　木饰面门

C 立面图

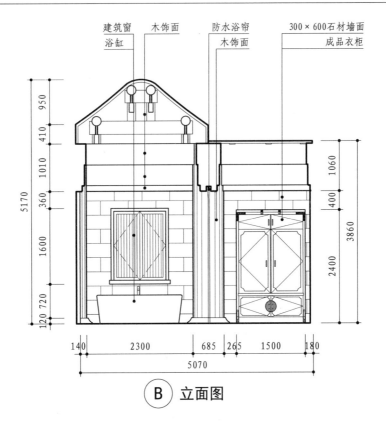

建筑窗　木饰面　　防水浴帘　300×600石材墙面
浴缸　　　　　　　木饰面　　成品衣柜

950　410　1010　360　1600　120　720

1060　400　2400　3860

5170

140　2300　685　265　1500　180

5070

B 立面图

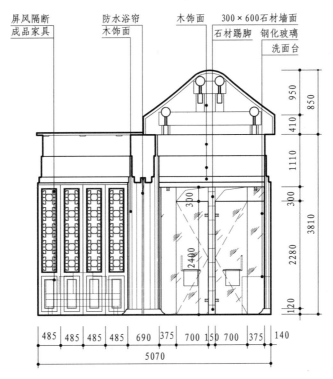

屏风隔断　　　防水浴帘　　木饰面　300×600石材墙面
成品家具　　　木饰面　　　　　　　石材踢脚　钢化玻璃
　　　　　　　　　　　　　　　　　　　　　　洗面台

950　410　1110　300　2280　120　850　3810

300　2400

485　485　485　485　690　375　700　150　700　375　140

5070

D 立面图

185

Section2
卫浴设计
案例

会所卫生间
方案设计

射灯　LED暗藏灯带　　600×300石材墙面
石材踢脚

500
2900
1500
900
200
2500
2900
200
150　　2550
2700

E　立面图

钢化玻璃门　600×300石材墙面
石材踢脚

300
2200
2700
200
180　870　210
1260

F　立面图

600×300石材墙面　　LED暗藏灯带　　射灯
钢化玻璃
石材踢脚

300 200
1500
2900
900
500　　1550　　500　150
2700

G　立面图

射灯　　　　　　　　　手纸盒
智能马桶　　　　　　　紧急电话
防水插座

300
1500
2700
700
200
330　600　330
1260

H　立面图

Section2
**卫浴设计
案例**

会所卫生间
施工图设计

卫生间效果示意图

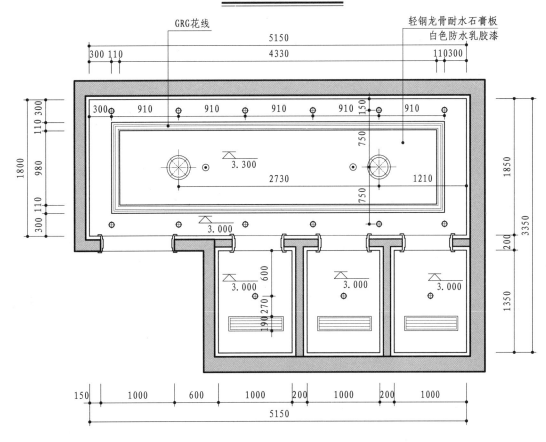

灯具图例		设备图例	
防水筒灯	⊕	排风口	▭
艺术吊灯	⊗	喷淋	⊙

① **卫生间顶平面图**

洗手盆   坐便器   小便斗

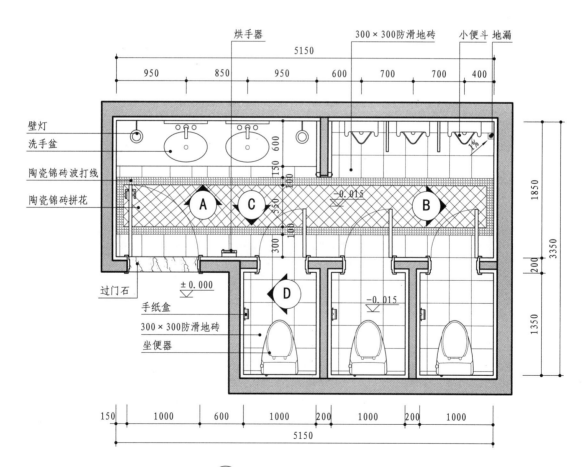

烘手器   300×300防滑地砖   小便斗 地漏

5150

| 950 | 850 | 950 | 600 | 700 | 700 | 400 |

壁灯

洗手盆

陶瓷锦砖波打线

陶瓷锦砖拼花

A   C   B

−0.015

D

−0.015

过门石   ±0.000

手纸盒

300×300防滑地砖

坐便器

1850
3350
200
1350

600
150
160
550
100
300

| 150 | 1000 | 600 | 1000 | 200 | 1000 | 200 | 1000 |

5150

② 卫生间平面布置图

188

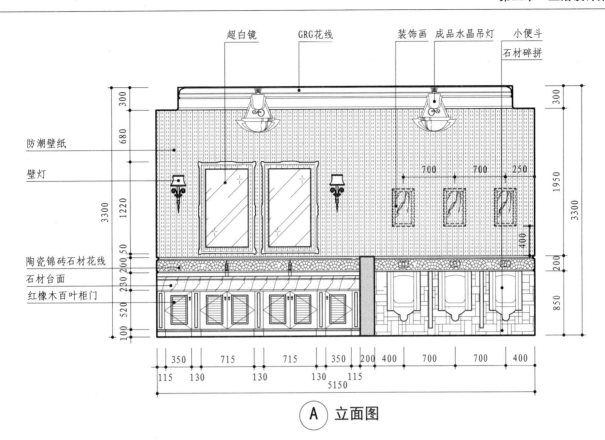

Section2
卫浴设计
案例

会所卫生间
施工图设计

超白镜　GRG花线　装饰画　成品水晶吊灯　小便斗　石材碎拼

防潮壁纸

壁灯

陶瓷锦砖石材花线

石材台面

红橡木百叶柜门

A 立面图

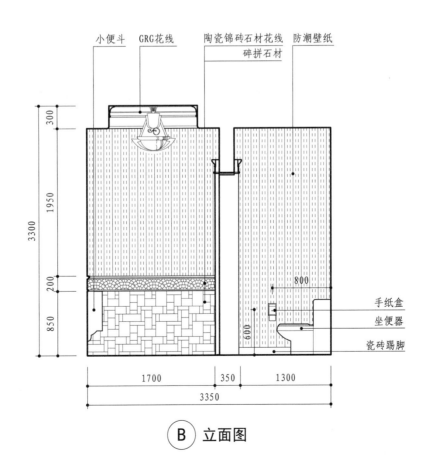

小便斗　GRG花线　陶瓷锦砖石材花线　碎拼石材　防潮壁纸

手纸盒

坐便器

瓷砖踢脚

B 立面图

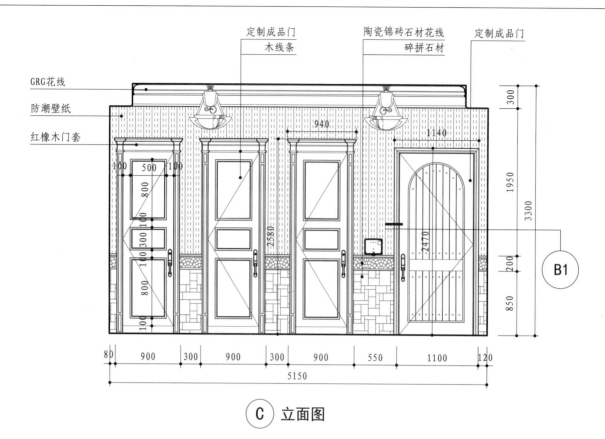

定制成品门
木线条
陶瓷锦砖石材花线
碎拼石材
定制成品门

GRG花线
防潮壁纸
红橡木门套

940
1140
300
1950
3300
500
800
2580
2470
200
850
B1

100 500 100
100 300 100
800

80 900 300 900 300 900 550 1100 120
5150

C 立面图

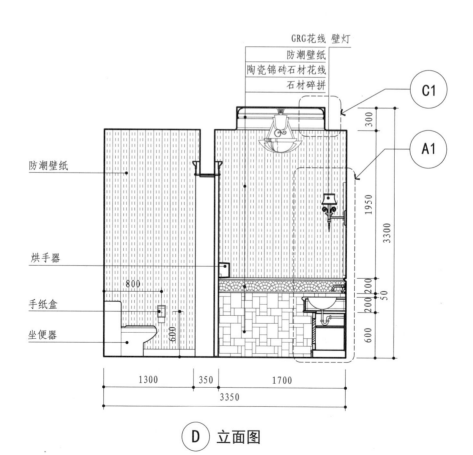

GRG花线 壁灯
防潮壁纸
陶瓷锦砖石材花线
石材碎拼

C1
A1

防潮壁纸
烘手器
手纸盒
坐便器

800
600

300
1950
3300
200 200
50
600

1300 350 1700
3350

D 立面图

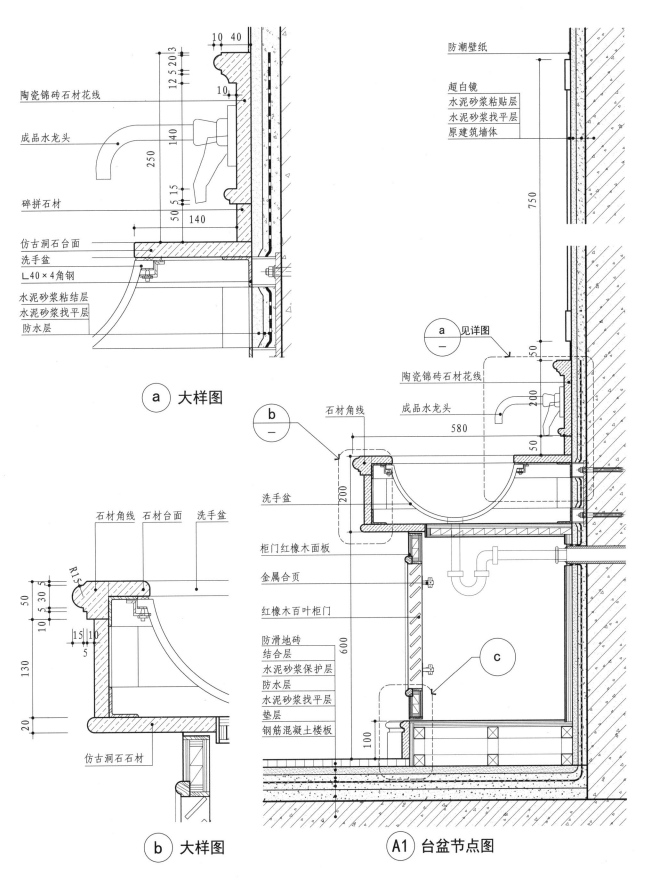

陶瓷锦砖石材花线

成品水龙头

碎拼石材

仿古洞石台面
洗手盆
L40×4角钢
水泥砂浆粘结层
水泥砂浆找平层
防水层

（a）大样图

石材角线　石材台面　洗手盆

仿古洞石石材

（b）大样图

防潮壁纸

超白镜
水泥砂浆粘贴层
水泥砂浆找平层
原建筑墙体

a　见详图
—

陶瓷锦砖石材花线

成品水龙头

b
—

石材角线

洗手盆

柜门红橡木面板

金属合页

红橡木百叶柜门

防滑地砖
结合层
水泥砂浆保护层
防水层
水泥砂浆找平层
垫层
钢筋混凝土楼板

c

（A1）台盆节点图

191

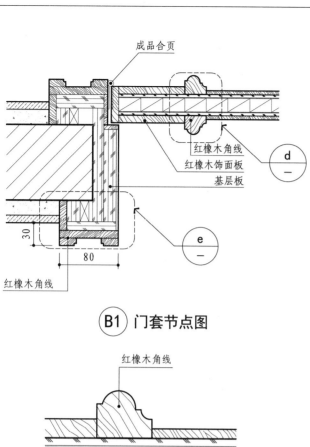

成品合页

红橡木角线
红橡木饰面板
基层板

d
—

e
—

30

80

红橡木角线

B1 门套节点图

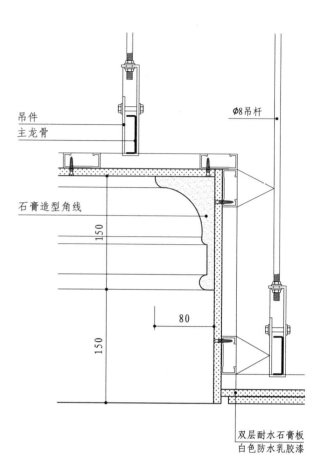

吊件
主龙骨

φ8吊杆

石膏造型角线

150

80

150

双层耐水石膏板
白色防水乳胶漆

C1 顶棚节点图

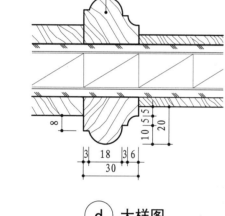

红橡木角线

8

10 5 5
20

3 18 3 6
30

d 大样图

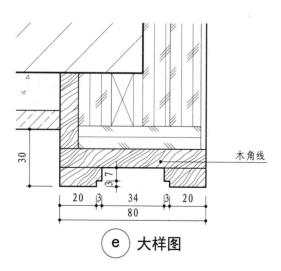

30

3 7

木角线

20 3 34 3 20
80

e 大样图

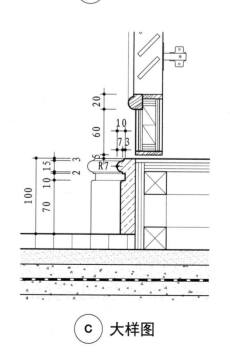

20
10
60
7 3
R 7
100 70 10 15 2 3

c 大样图

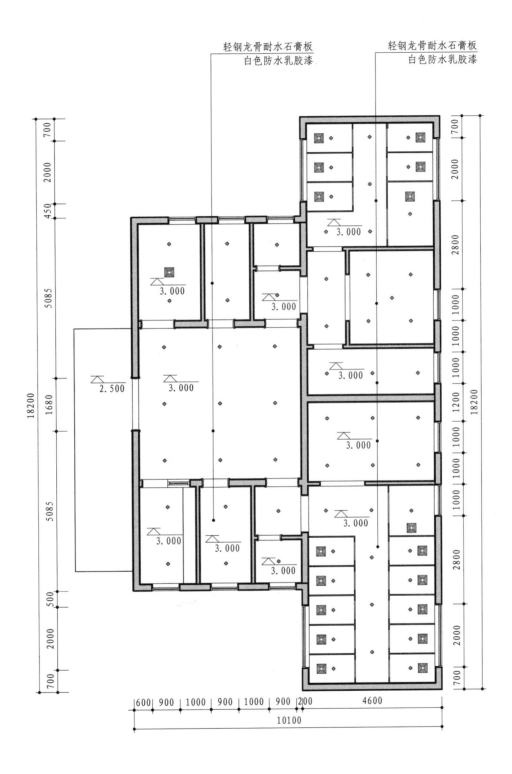

轻钢龙骨耐水石膏板
白色防水乳胶漆

轻钢龙骨耐水石膏板
白色防水乳胶漆

(1) 卫生间顶平面图

灯具图例		设备图例	
防水筒灯	⊕	排风扇	▨

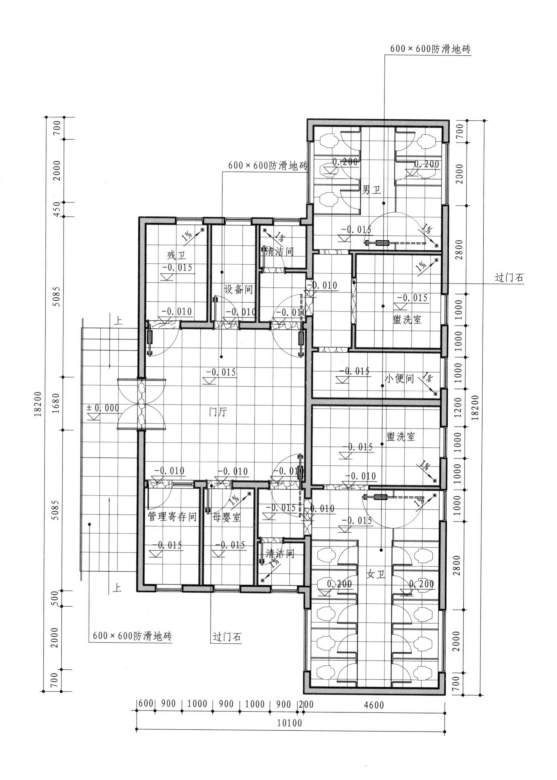

② 卫生间地面铺装图

蹲便器　　　　　　　坐便器　　　　　　　小便斗　　　　　　　洗手盆

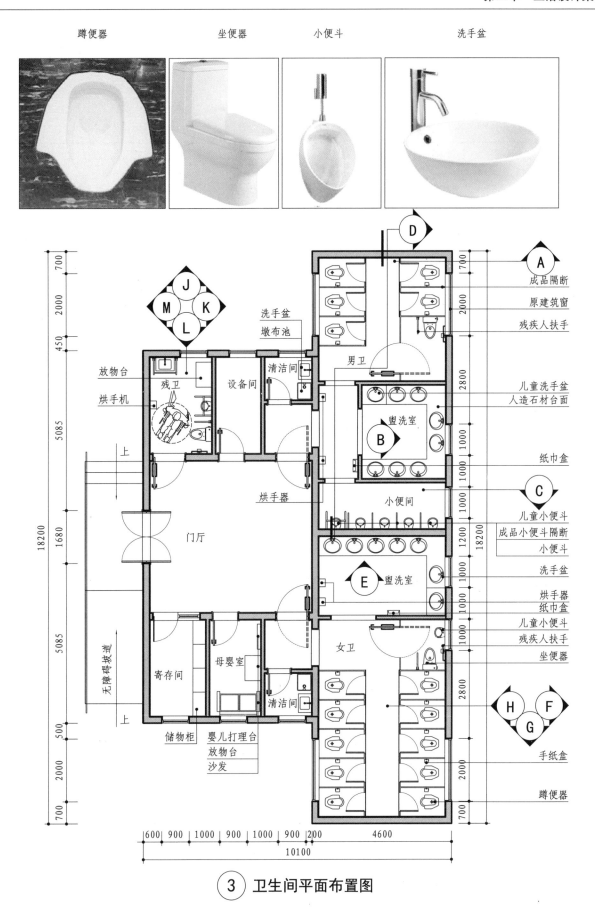

③ 卫生间平面布置图

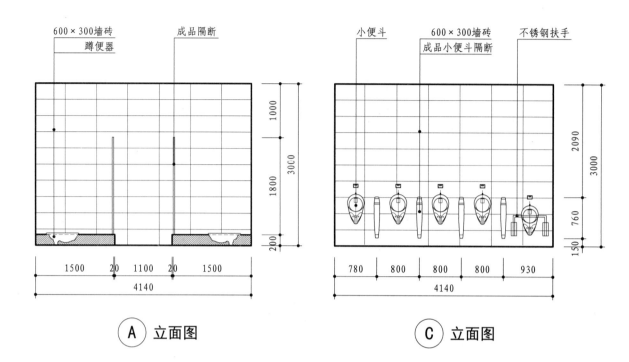

600×300墙砖　　成品隔断
蹲便器

1000
1800
200
3000

1500　20　1100　20　1500
4140

A 立面图

小便斗　　600×300墙砖　　不锈钢扶手
　　　　　成品小便斗隔断

2090
760
150
3000

780　800　800　800　930
4140

C 立面图

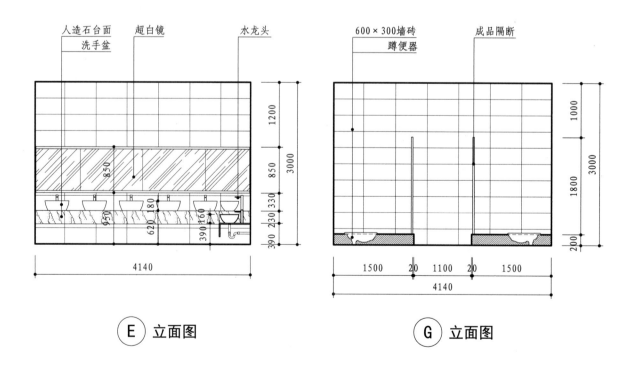

人造石台面　　超白镜　　水龙头
洗手盆

1200
850
230 330
390
3000

850
950
620 180
390 160

4140

E 立面图

600×300墙砖　　成品隔断
蹲便器

1000
1800
200
3000

1500　20　1100　20　1500
4140

G 立面图

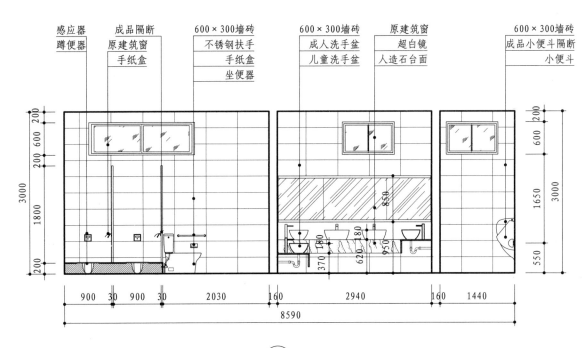

B　立面图

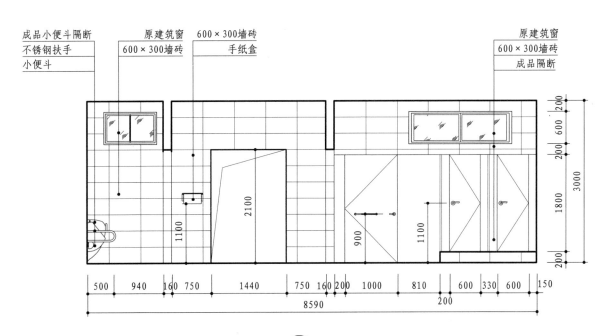

D　立面图

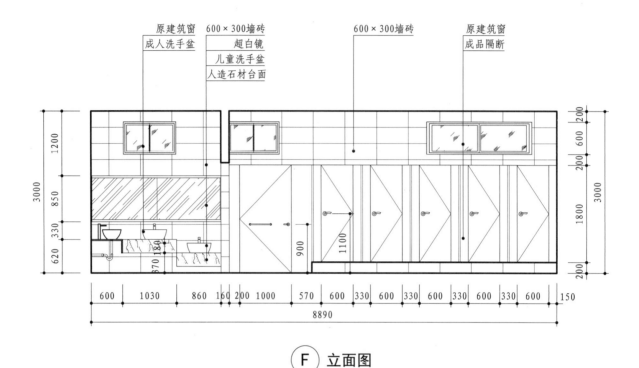

F 立面图

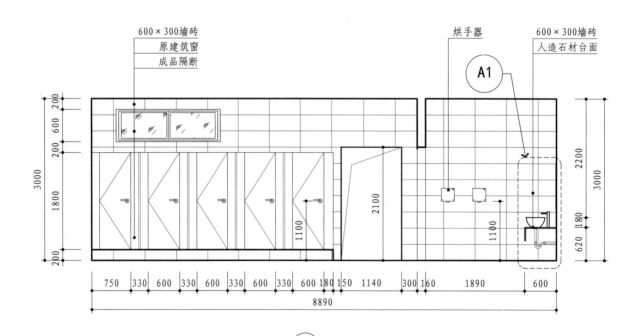

H 立面图

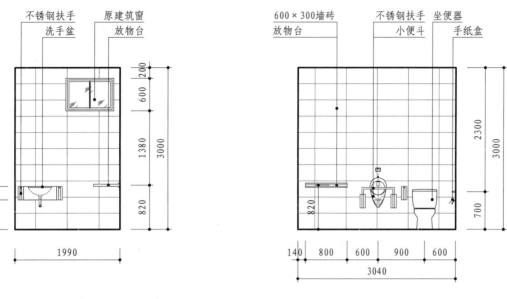

不锈钢扶手　原建筑窗
洗手盆　　　放物台

600×300墙砖　不锈钢扶手　坐便器
放物台　　　　小便斗　　　手纸盒

$\boxed{J}$ 立面图

$\boxed{K}$ 立面图

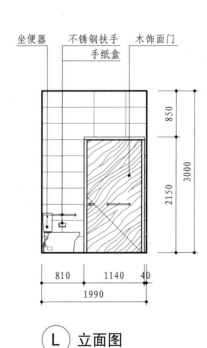

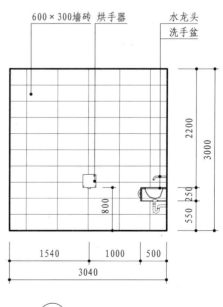

坐便器　不锈钢扶手　木饰面门
　　　　手纸盒

600×300墙砖　烘手器　　水龙头
　　　　　　　　　　　　洗手盆

$\boxed{L}$ 立面图

$\boxed{M}$ 立面图

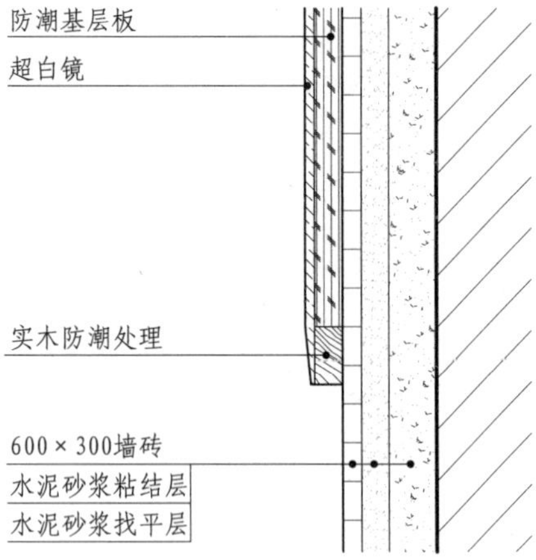

防潮基层板

超白镜

实木防潮处理

600×300墙砖
水泥砂浆粘结层
水泥砂浆找平层

b 大样图

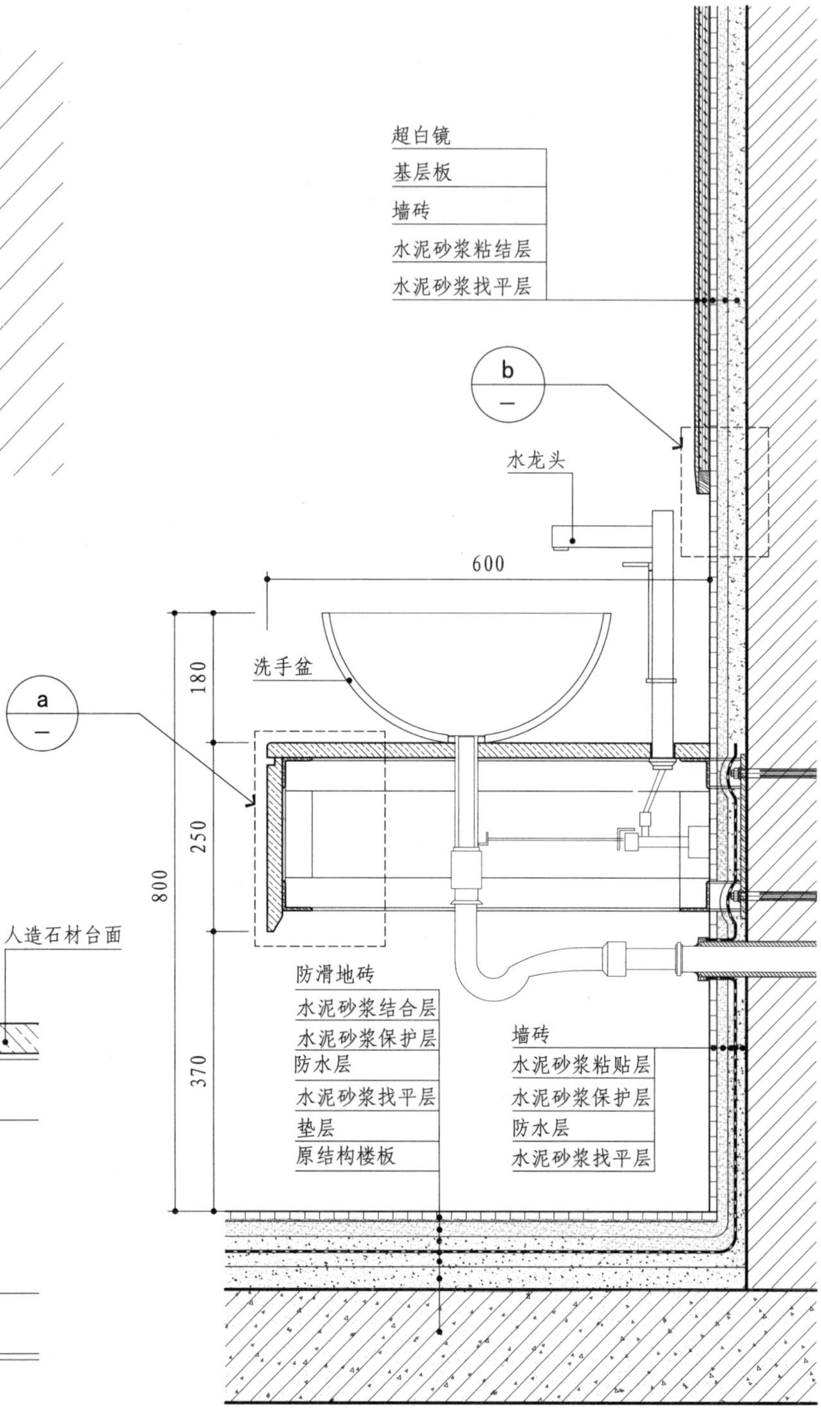

超白镜
基层板
墙砖
水泥砂浆粘结层
水泥砂浆找平层

b
—

水龙头

600

180

洗手盆

a
—

250

800

防滑地砖
水泥砂浆结合层
水泥砂浆保护层
防水层
水泥砂浆找平层
垫层
原结构楼板

370

墙砖
水泥砂浆粘贴层
水泥砂浆保护层
防水层
水泥砂浆找平层

L 40×4角钢

人造石材台面

5
15
10

10

250
220

100

12 8
20

L 40×4角钢

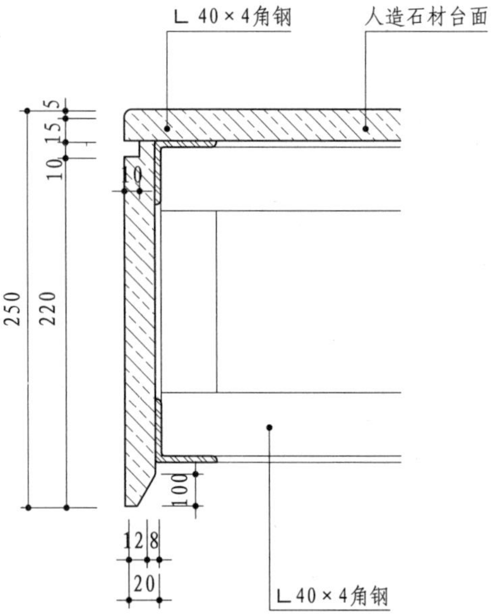

a 大样图

A1 节点图

坐便器　　　　　　　　　　洗手盆　　　　　　　　　不锈钢扶手

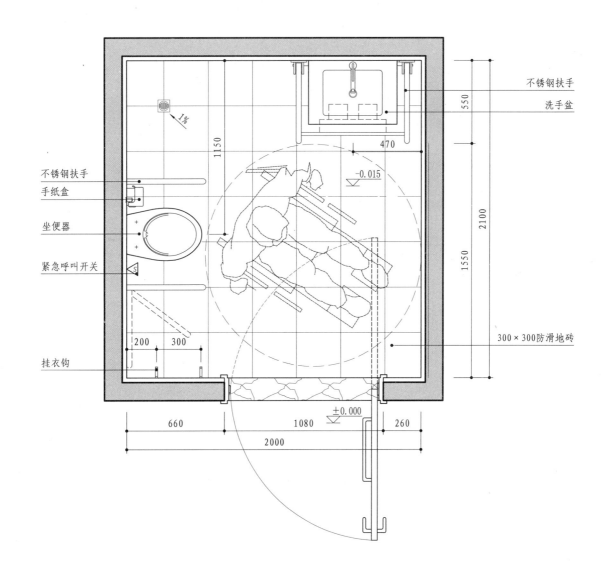

不锈钢扶手

550

洗手盆

470

−0.015

2100

1550

300×300防滑地砖

不锈钢扶手

手纸盒

坐便器

紧急呼叫开关

1150

1％

200　300

挂衣钩

660　　　　　1080　±0.000　260

2000

① 卫生间平面布置图

卫生间效果示意图

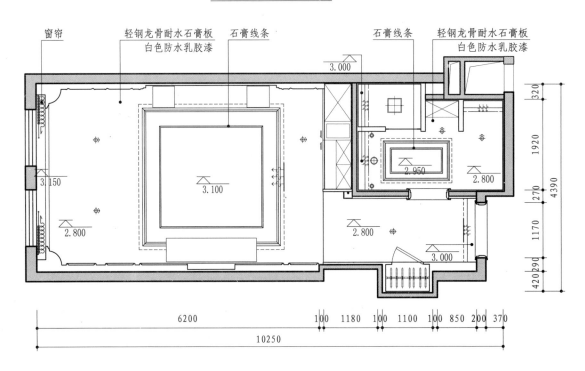

灯具图例		设备图例	
壁灯		侧回风口	
射灯		侧出风口	
LED暗藏灯带			
防水筒灯			
方形磨砂防水灯			

① 病房顶平面图

洗手盆　　　　　　　　淋浴花洒　　　　　　　　坐便器

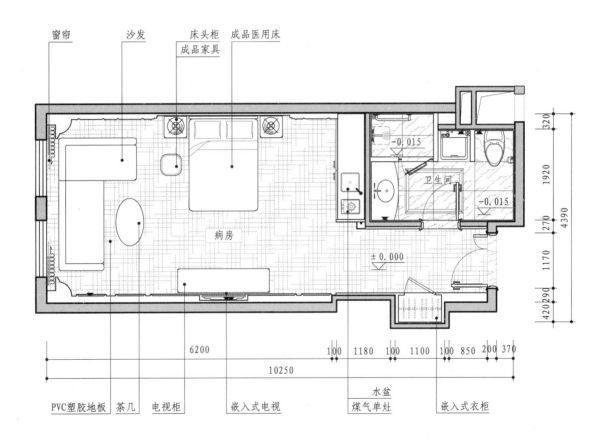

② 病房平面布置图

机电图例	
紧急呼救开关	△
插座	⏚
防水插座	⏚

Section2
卫浴设计
案例

行动不便者卫
生间方案设计

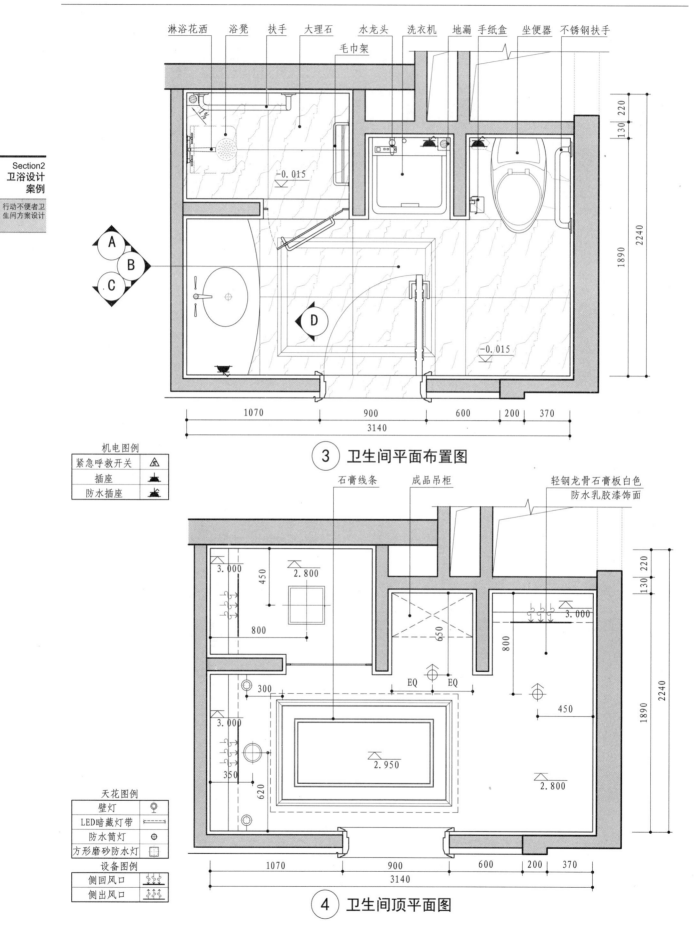

淋浴花洒　浴凳　扶手　大理石　水龙头　洗衣机　地漏　手纸盒　坐便器　不锈钢扶手

毛巾架

A
B
C

D

−0.015

−0.015

1070　　900　　600　200　370

3140

220
130
2240
1890

机电图例

紧急呼救开关	
插座	
防水插座	

③ 卫生间平面布置图

石膏线条　成品吊柜　　轻钢龙骨石膏板白色
防水乳胶漆饰面

3.000
450
2.800

800

300

650

EQ　EQ

3.000

800

450

350

3.000

2.950

620

2.800

220
130
2240
1890

1070　　900　　600　200　370

3140

天花图例

壁灯	
LED暗藏灯带	
防水筒灯	
方形磨砂防水灯	

设备图例

| 侧回风口 | |
| 侧出风口 | |

④ 卫生间顶平面图

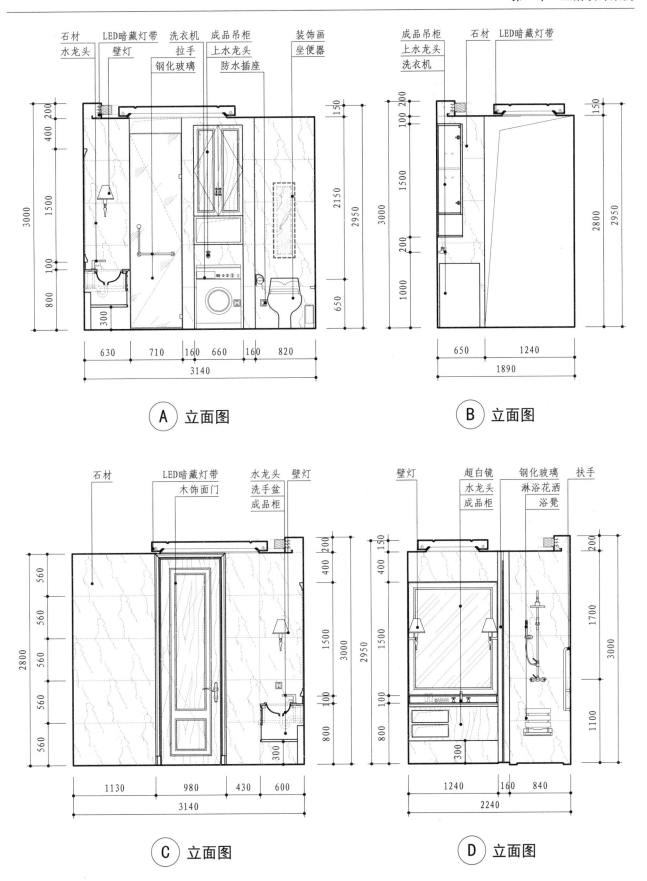

石材　LED暗藏灯带　洗衣机　成品吊柜　　装饰画
水龙头　　壁灯　　拉手　上水龙头　坐便器
　　　　　　钢化玻璃　防水插座

200　400　1500　100　800
300
3000
150　2150　650　2950

630　710　160　660　160　820
3140

Ⓐ 立面图

成品吊柜　　石材　LED暗藏灯带
上水龙头
洗衣机

100　200　1500　200　1000
3000
150　2800　2950

650　1240
1890

Ⓑ 立面图

石材　　　LED暗藏灯带　　水龙头　壁灯
　　　　木饰面门　　洗手盆
　　　　　　　　　成品柜

560　560　560　560　560　560　560
2800

200　400　1500　100　800
300
3000

1130　980　430　600
3140

Ⓒ 立面图

壁灯　　超白镜　钢化玻璃　扶手
　　水龙头　淋浴花洒
　　成品柜　浴凳

150　400　1500　100　800
300
2950

200　1700　3000　1100

1240　160　840
2240

Ⓓ 立面图

衣柜　　　洗手盆　　　电视机　　　窗帘

PVC卷材

450×450
防滑地砖

地漏

成品医用床　　　沙发
台灯

1050　　1575　225　　　　4200

6825

① 平面布置图

1200×300玻纤板　　白色乳胶漆　　　窗帘

2.180

2.800

检修口

2.800　2.600

浴帘杆

2.400

2.900

3.000

1050　　1575　225　　　　4200

6825

轻钢龙骨耐水石膏板
白色防水乳胶漆

轻钢龙骨耐水石膏板
白色防水乳胶漆

② 顶平面图

灯具图例		设备图例	
筒灯	⊕	喷淋	⊙
灯盘	▨	烟感	⬓
防水筒灯	⊕	侧回风口	⇶

洗手盆   淋浴花洒   坐便器

Section2
卫浴设计
案例

行动不便者
卫生间施工
图设计

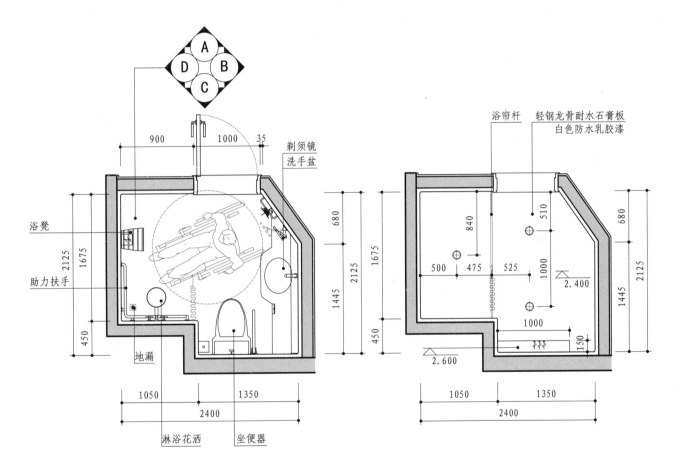

浴帘杆   轻钢龙骨耐水石膏板
白色防水乳胶漆

剃须镜
洗手盆

浴凳

助力扶手

地漏

淋浴花洒   坐便器

（3）卫生间平面布置图   （4）卫生间顶平面图

机电图例

防水插座	
紧急呼叫分机 （拉绳式）	
紧急呼叫分机 （按钮式）	

灯具图例

防水筒灯	⊕

设备图例

侧回风口	

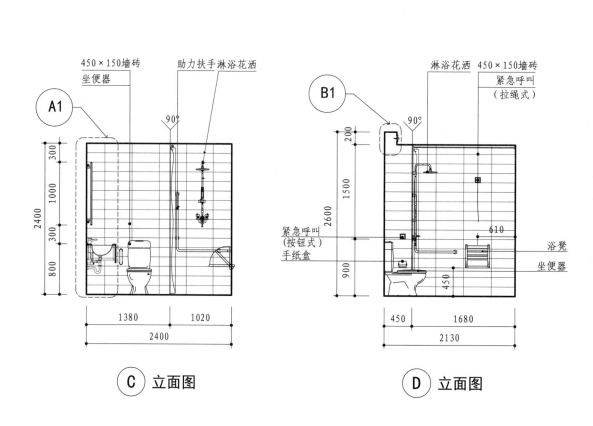

450×150墙砖　成品木门

Ⓐ 立面图

450×150墙砖　水龙头　超白镜
毛巾架　人造石　LED暗藏灯带

Ⓑ 立面图

450×150墙砖　助力扶手淋浴花洒
坐便器

Ⓒ 立面图

淋浴花洒　450×150墙砖　紧急呼叫
（拉绳式）

紧急呼叫
（按钮式）
手纸盒

浴凳
坐便器

Ⓓ 立面图

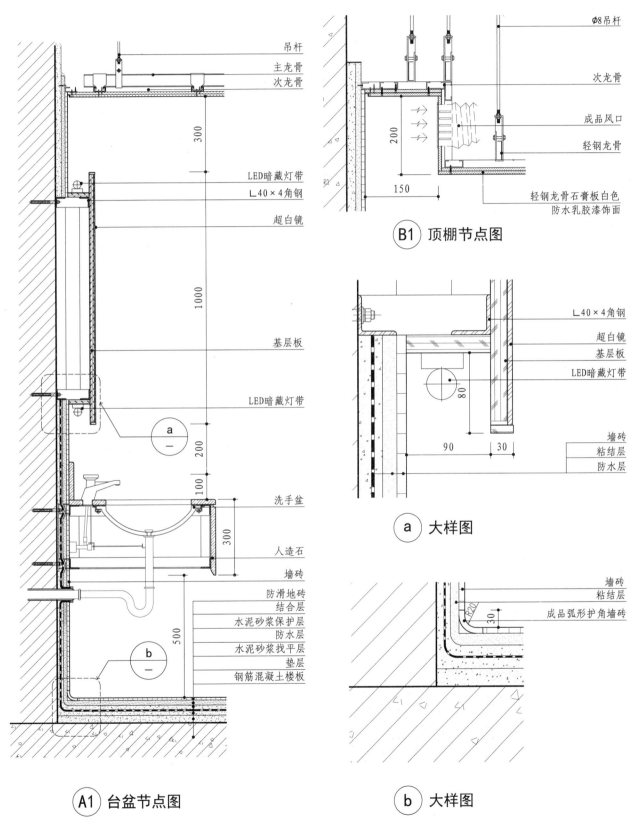

Section2
卫浴设计案例

行动不便者
卫生间施工
图设计

吊杆

主龙骨

次龙骨

300

LED暗藏灯带

∟40×4角钢

超白镜

1000

基层板

LED暗藏灯带

$\dfrac{a}{-}$

200

100

洗手盆

300

人造石

墙砖

防滑地砖
结合层
水泥砂浆保护层
防水层
水泥砂浆找平层
垫层
钢筋混凝土楼板

500

$\dfrac{b}{-}$

(A1) 台盆节点图

φ8吊杆

次龙骨

200

成品风口

轻钢龙骨

150

轻钢龙骨石膏板白色
防水乳胶漆饰面

(B1) 顶棚节点图

∟40×4角钢

超白镜

基层板

LED暗藏灯带

80

墙砖
粘结层
防水层

90   30

(a) 大样图

墙砖
粘结层
成品弧形护角墙砖

R20

30

(b) 大样图

209

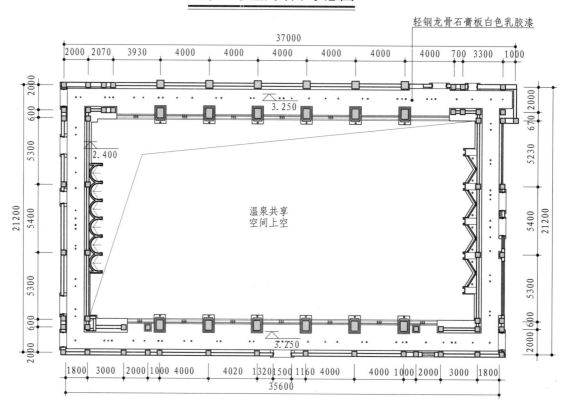

温泉共享空间效果示意图

轻钢龙骨石膏板白色乳胶漆

37000

2000 2070 3930 4000 4000 4000 4000 4000 4000 700 3300 1000

3.250

2.400

温泉共享
空间上空

3.250

21200

2000 600 5300 5400 5300 600 2000

1800 3000 2000 1000 4000 4020 1320 1500 1160 4000 4000 1000 2000 3000 1800

35600

灯具图例		设备图例	
防水筒灯	⊕	侧送风口	
LED暗藏灯带	------	喷淋	•
壁灯		烟感	
		喇叭	

① 温泉共享空间顶平面图

淋浴花洒　　　　　　　　　　　　顶喷花洒

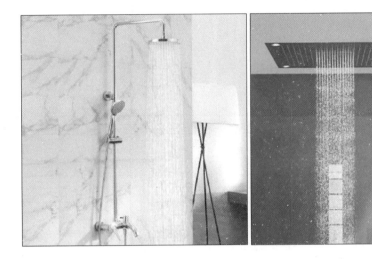

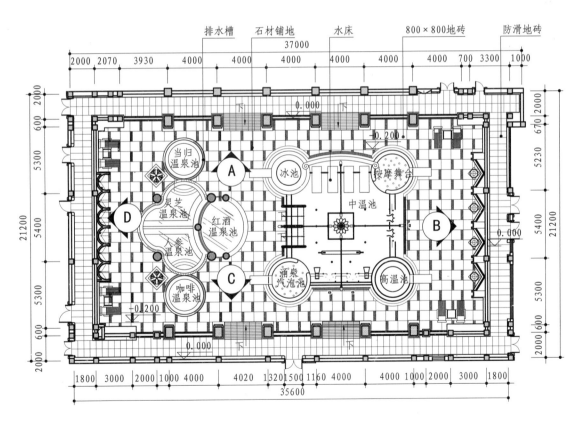

② 温泉共享空间平面布置图

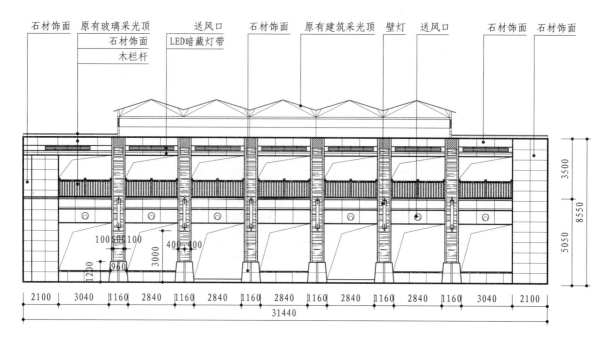

石材饰面　原有玻璃采光顶　送风口　石材饰面　原有建筑采光顶　壁灯　送风口　石材饰面　石材饰面
石材饰面　LED暗藏灯带
木栏杆

3500
8550
5050

100 600 100
400 400
3000
1200
960

2100 3040 1160 2840 1160 2840 1160 2840 1160 2840 1160 2840 1160 3040 2100
31440

（A） 立面图

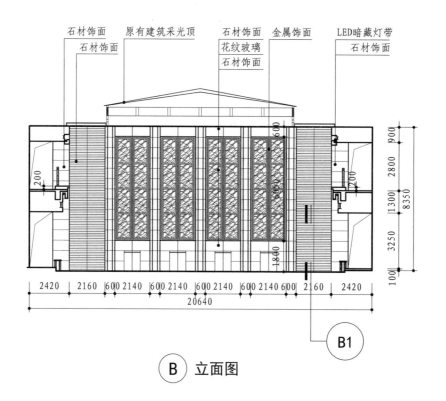

石材饰面　原有建筑采光顶　石材饰面　金属饰面　LED暗藏灯带
石材饰面　　　　　　花纹玻璃　　　　　　石材饰面
　　　　　　　　　　石材饰面

600
900
200
2800
1200
1300
8350
6050
3250
1840
100

2420 2160 600 2140 600 2140 600 2140 600 2140 600 2160 2420
20640

B1

（B） 立面图

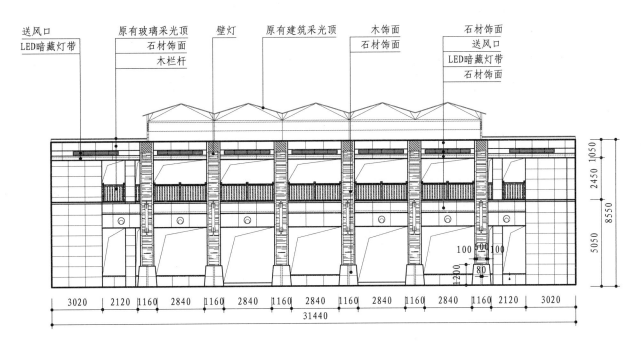

送风口
LED暗藏灯带　　原有玻璃采光顶　壁灯　　原有建筑采光顶　　木饰面　　　　石材饰面
　　　　　　　　石材饰面　　　　　　　　　　　　　　　　　石材饰面　　送风口
　　　　　　　　木栏杆　　　　　　　　　　　　　　　　　　　　　　　　LED暗藏灯带
　　　　　　　　　　　　　　　　　　　　　　　　　　　　　　　　　　　石材饰面

3020　2120 1160　2840　1160　2840　1160　2840　1160　2840　1160　2840　1160 2120　3020
31440

1050 2450 8550 5050

100 500 100
80
1200

○C 立面图

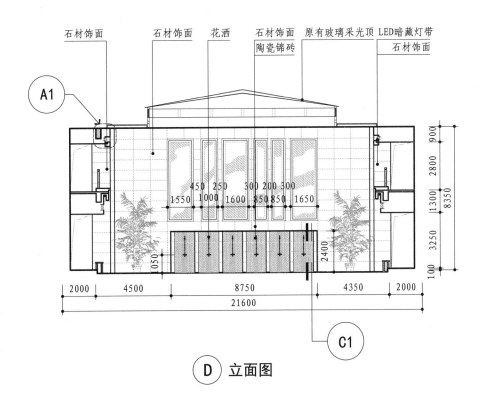

石材饰面　　　　石材饰面　花洒　　石材饰面　原有玻璃采光顶 LED暗藏灯带
　　　　　　　　　　　　　　　陶瓷锦砖　　　　　　　　　　　石材饰面

A1

450 250　300 200 300
1550 1000　1600　850 850　1650

2400
1050

2000　4500　　　　8750　　　　4350　2000
21600

900 2800 1300 3250 8350 100

C1

○D 立面图

213

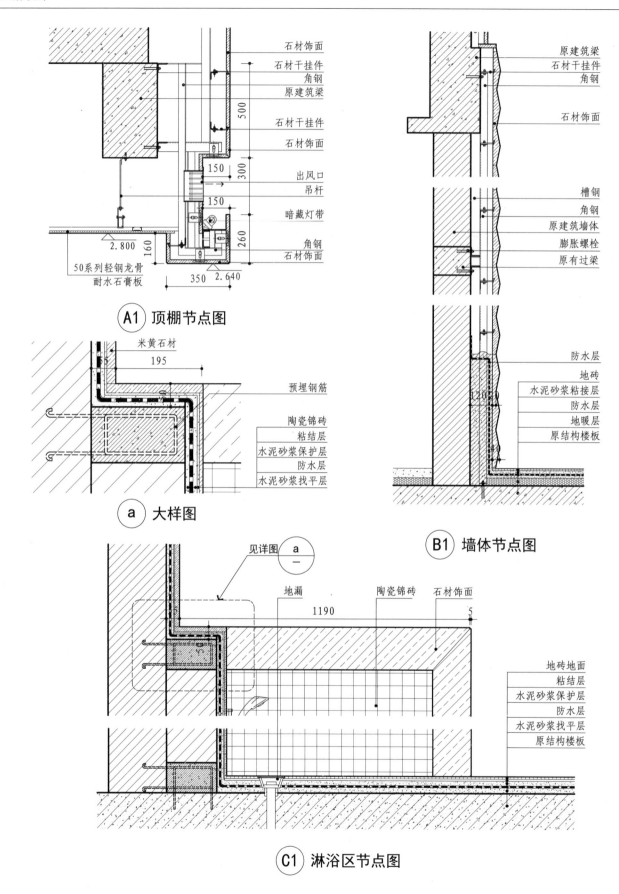

石材饰面
石材干挂件
角钢
原建筑梁
石材干挂件
石材饰面
出风口
吊杆
暗藏灯带
角钢
石材饰面
50系列轻钢龙骨
耐水石膏板

500
150
300
150
260
2.800
160
2.640
350

A1 顶棚节点图

米黄石材
195
预埋钢筋
陶瓷锦砖
粘结层
水泥砂浆保护层
防水层
水泥砂浆找平层

a 大样图

原建筑梁
石材干挂件
角钢
石材饰面

槽钢
角钢
原建筑墙体
膨胀螺栓
原有过梁

防水层
地砖
水泥砂浆粘接层
防水层
地暖层
原结构楼板
120

B1 墙体节点图

见详图 **a**

地漏
陶瓷锦砖
石材饰面
1190
5

地砖地面
粘结层
水泥砂浆保护层
防水层
水泥砂浆找平层
原结构楼板

C1 淋浴区节点图

浴区效果示意图

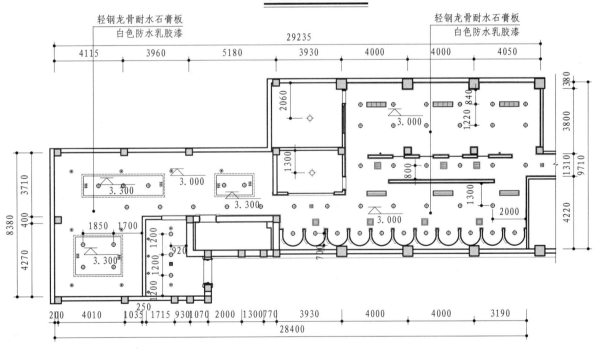

① 浴区顶平面图

灯具图例			设备图例			
防爆灯	◇	侧送风口		下送风口		
防水筒灯	⊕	侧回风口		下回风口		
LED暗藏灯带	----	喷淋	⊙	方形送风口		
壁灯	♀	喇叭	▣	排风口		

淋浴花洒   洗手盆   手持花洒

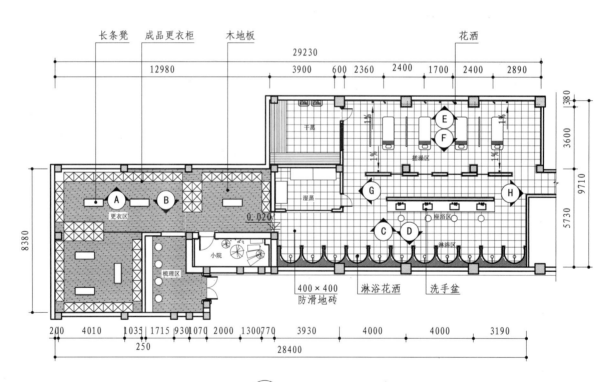

(2) 浴区平面布置图

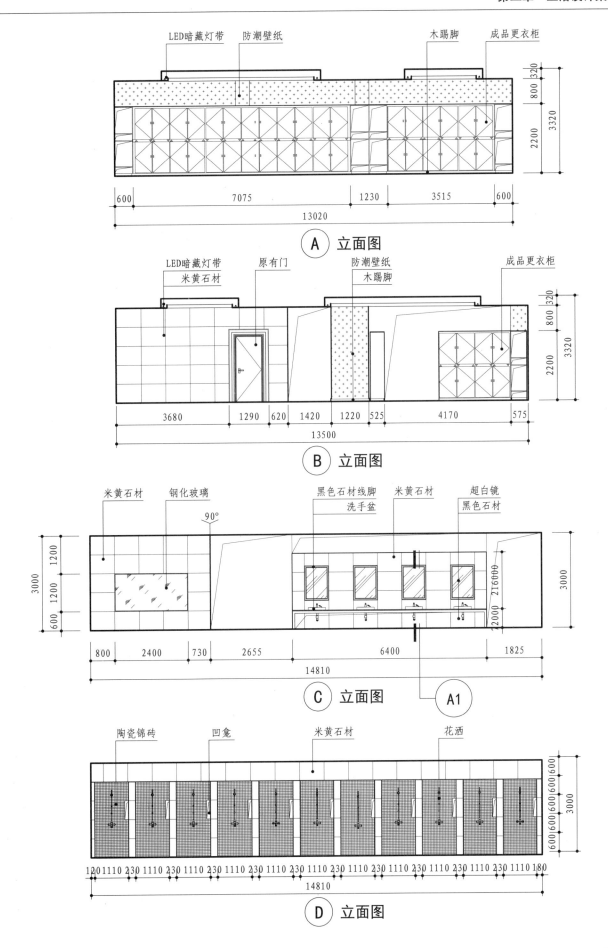

LED暗藏灯带　防潮壁纸　　　　　　　木踢脚　成品更衣柜

320
800
3320
2200

600　7075　1230　3515　600
13020

A 立面图

LED暗藏灯带　原有门　　防潮壁纸　　　　成品更衣柜
米黄石材　　　　　　　　木踢脚

320
800
3320
2200

3680　1290　620　1420　1220　525　4170　575
13500

B 立面图

米黄石材　钢化玻璃　　黑色石材线脚　米黄石材　超白镜
90°　　　洗手盆　　　　黑色石材

1200
3000
1200
600

216000
12000
3000

800　2400　730　2655　6400　1825
14810

C 立面图　　　**A1**

陶瓷锦砖　凹龛　　米黄石材　　花洒

600 600 600 600
3000

120 1110 230 1110 230 1110 230 1110 230 1110 230 1110 230 1110 230 1110 230 1110 230 1110 230 1110 180
14810

D 立面图

217

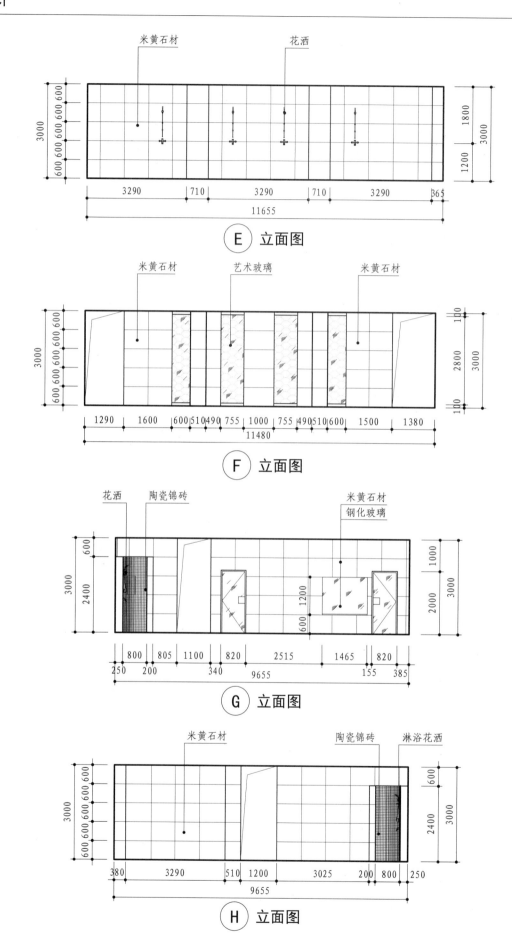

E 立面图

F 立面图

G 立面图

H 立面图

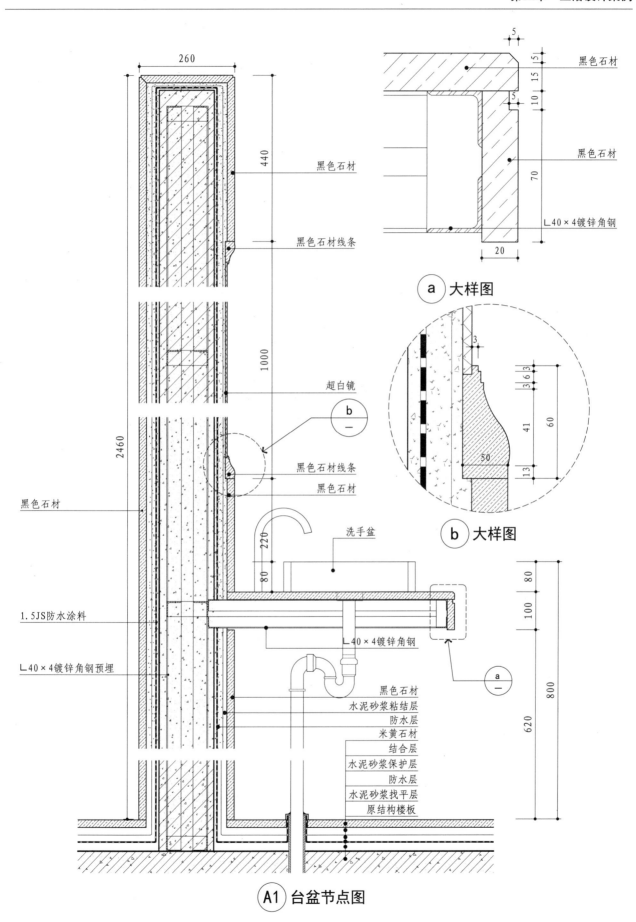

260

440

1000

2460

黑色石材

黑色石材线条

超白镜

b

黑色石材线条

黑色石材

黑色石材

1.5JS防水涂料

L40×4镀锌角钢预埋

220

80

洗手盆

L40×4镀锌角钢

黑色石材
水泥砂浆粘结层
防水层
米黄石材
结合层
水泥砂浆保护层
防水层
水泥砂浆找平层
原结构楼板

5

(5)

15

10

5

70

黑色石材

黑色石材

L40×4镀锌角钢

20

a 大样图

3

3 6 3

41

60

50

13

b 大样图

80

100

800

620

a

(A1) 台盆节点图

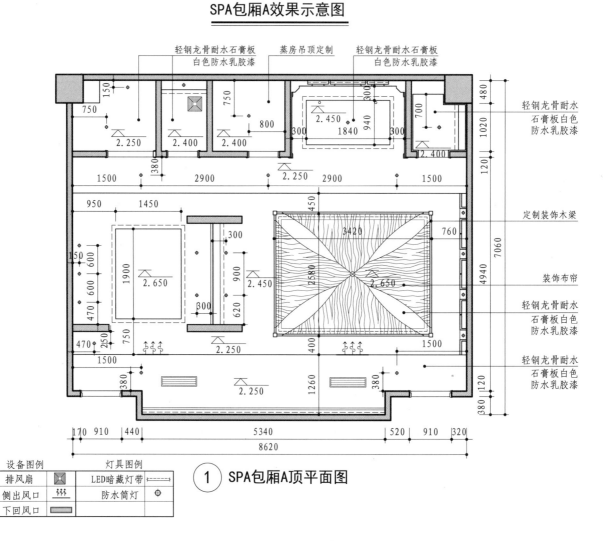

SPA包厢A效果示意图

轻钢龙骨耐水石膏板
白色防水乳胶漆　　蒸房吊顶定制　　轻钢龙骨耐水石膏板
　　　　　　　　　　　　　　　　　　白色防水乳胶漆

轻钢龙骨耐水
石膏板白色
防水乳胶漆

定制装饰木梁

装饰布帘

轻钢龙骨耐水
石膏板白色
防水乳胶漆

轻钢龙骨耐水
石膏板白色
防水乳胶漆

设备图例		灯具图例	
排风扇	⊠	LED暗藏灯带	┅┅┅
侧出风口	⇶	防水筒灯	⊕
下回风口	▭		

① **SPA包厢A顶平面图**

智能马桶 洗手盆 浴缸

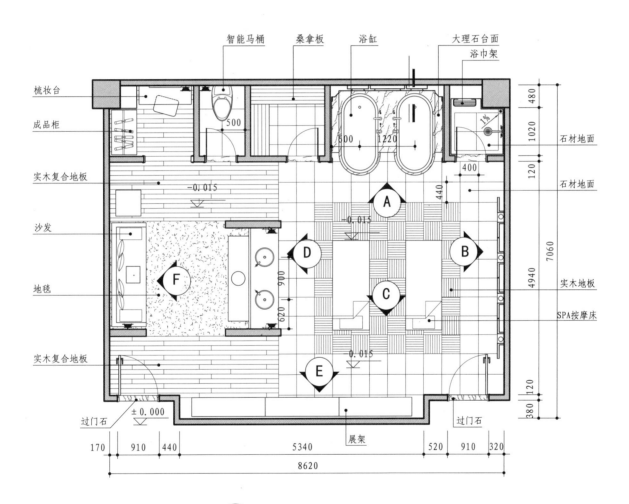

② SPA包厢A平面布置图

机电图例

防水插座	
插座	

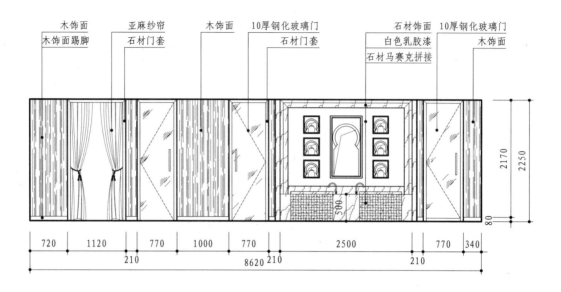

木饰面　木饰面踢脚　亚麻纱帘　石材门套　木饰面　10厚钢化玻璃门　石材门套　石材饰面　白色乳胶漆　石材马赛克拼接　10厚钢化玻璃门　木饰面

720　1120　770　1000　770　2500　770　340
210　8620　210　210
2170　2250　80

Ⓐ 立面图

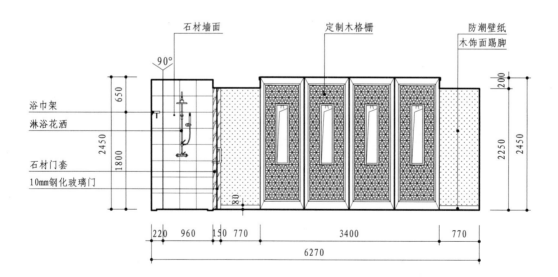

石材墙面　定制木格栅　防潮壁纸　木饰面踢脚

90°
650
浴巾架
淋浴花洒
2450
1800
石材门套
10mm钢化玻璃门
80
220　960　150　770　3400　770
6270
200　2250　2450

Ⓑ 立面图

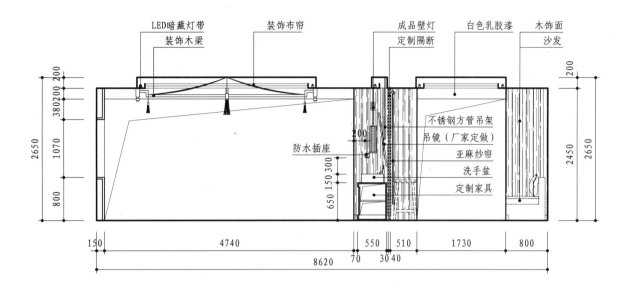

LED暗藏灯带
装饰木梁
装饰布帘
成品壁灯
定制隔断
白色乳胶漆
木饰面
沙发
不锈钢方管吊架
吊镜（厂家定做）
亚麻纱帘
洗手盆
定制家具
防水插座

200
200 200
380 200
1070
800
2650

650 150 300
200

150
4740
8620
70
30 40
550
510
1730
800
200
2450
2650

C 立面图

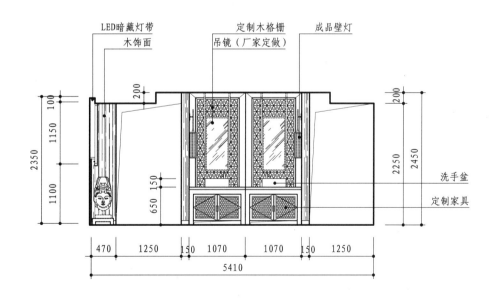

LED暗藏灯带
木饰面
定制木格栅
吊镜（厂家定做）
成品壁灯
洗手盆
定制家具

200
100
1150
2350
1100
650 150
200
2250
2450

470
1250
150
1070
1070
150
1250
5410

D 立面图

Section2
卫浴设计
案例

SPA 包厢 A
施工图设计

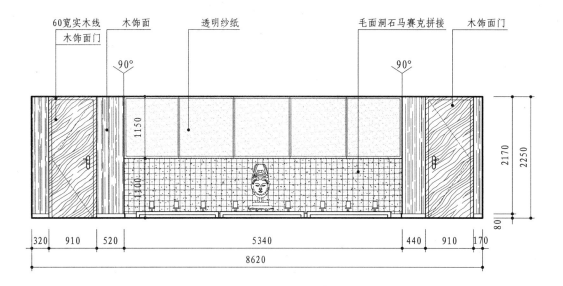

E 立面图

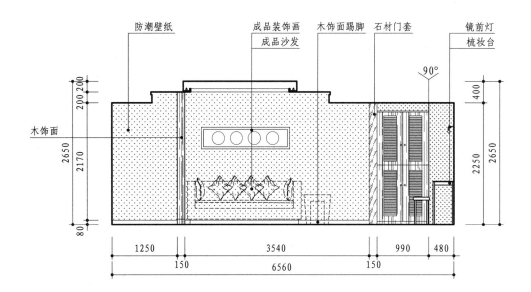

F 立面图

SPA包厢B效果示意图

Section2
卫浴设计
案例

SPA 包厢 B
施工图设计

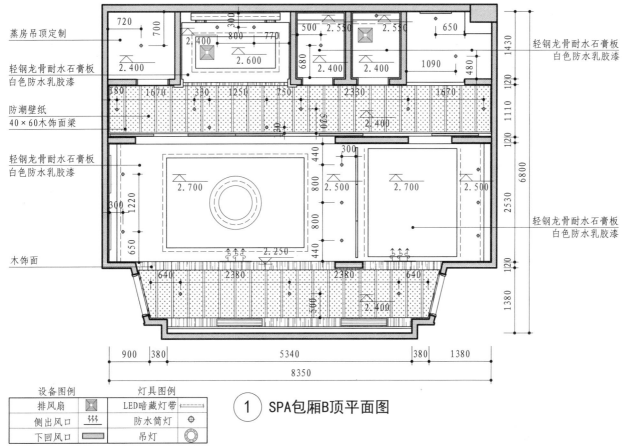

蒸房吊顶定制

轻钢龙骨耐水石膏板
白色防水乳胶漆

防潮壁纸
40×60木饰面梁

轻钢龙骨耐水石膏板
白色防水乳胶漆

木饰面

轻钢龙骨耐水石膏板
白色防水乳胶漆

轻钢龙骨耐水石膏板
白色防水乳胶漆

设备图例		灯具图例	
排风扇		LED暗藏灯带	
侧出风口		防水筒灯	
下回风口		吊灯	

① SPA包厢B顶平面图

225

洗手盆   浴缸   智能马桶

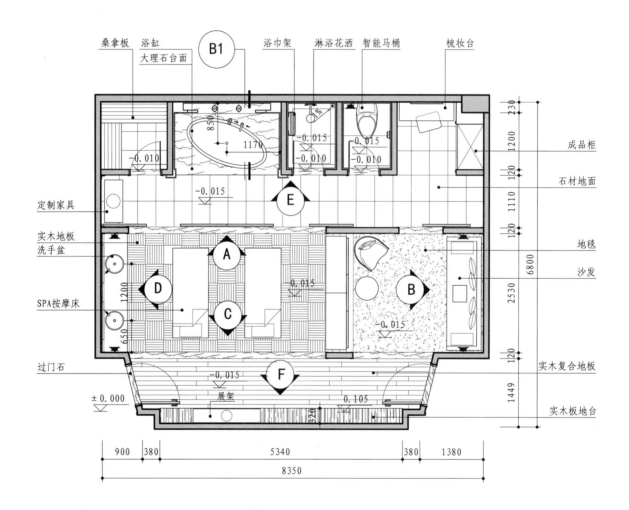

② SPA包厢B平面布置图

机电图例

防水插座	⊥
插座	⊥

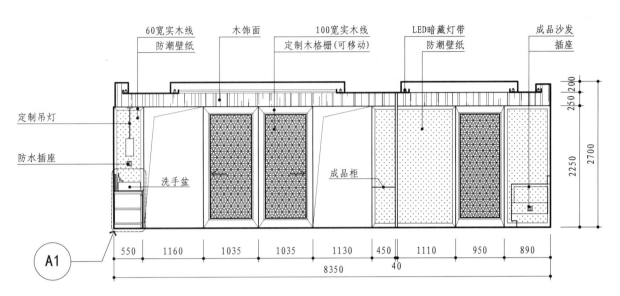

60宽实木线　木饰面　100宽实木线　LED暗藏灯带　成品沙发
防潮壁纸　　　　　定制木格栅(可移动)　防潮壁纸　　　插座

定制吊灯

防水插座

洗手盆

成品柜

250 200
2250 2700

550 | 1160 | 1035 | 1035 | 1130 | 450 | 1110 | 950 | 890
8350
40

A1

Ⓐ 立面图

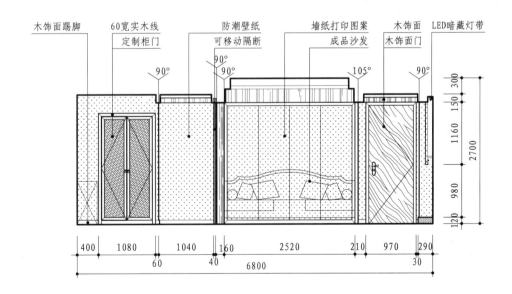

木饰面踢脚　60宽实木线　防潮壁纸　墙纸打印图案　木饰面　LED暗藏灯带
　　　　　　定制柜门　可移动隔断　成品沙发　木饰面门

90°　90°　105°　90°
90°

300
150
1160
2700
980
120

400 | 1080 | 1040 | 160 | 2520 | 210 | 970 | 290
60　　　40　　　　　　　　　　　　　30
6800

Ⓑ 立面图

227

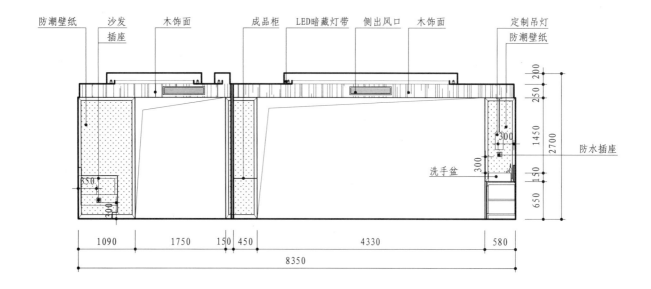

防潮壁纸　沙发插座　木饰面　　成品柜　LED暗藏灯带　侧出风口　木饰面　　定制吊灯　防潮壁纸

防水插座

洗手盆

1090　1750　150　450　　4330　　580

8350

Ⓒ 立面图

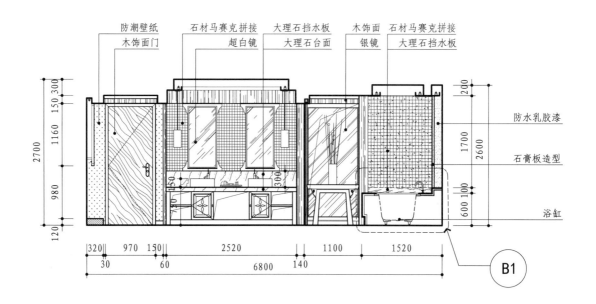

防潮壁纸　石材马赛克拼接　大理石挡水板　木饰面　石材马赛克拼接
木饰面门　　超白镜　　大理石台面　银镜　　大理石挡水板

防水乳胶漆

石膏板造型

浴缸

320　970　150　　2520　　1100　　1520
30　　60　　6800　140

B1

Ⓓ 立面图

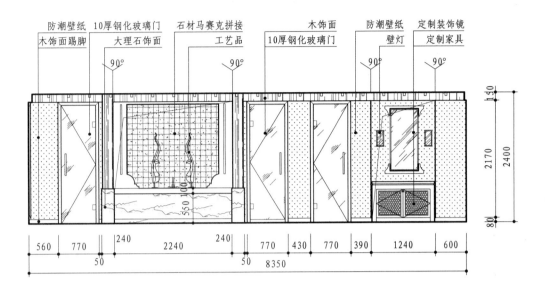

防潮壁纸　10厚钢化玻璃门　石材马赛克拼接　　木饰面　　防潮壁纸　定制装饰镜
木饰面踢脚　大理石饰面　　　工艺品　　　10厚钢化玻璃门　壁灯　定制家具

E　立面图

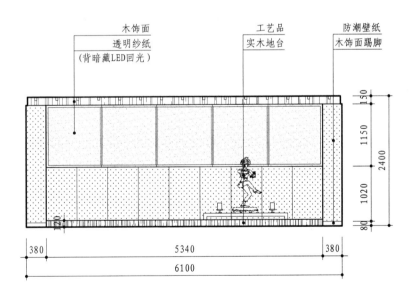

木饰面　　　　　　　工艺品　　防潮壁纸
透明纱纸　　　　　实木地台　木饰面踢脚
（背暗藏LED回光）

F　立面图

229

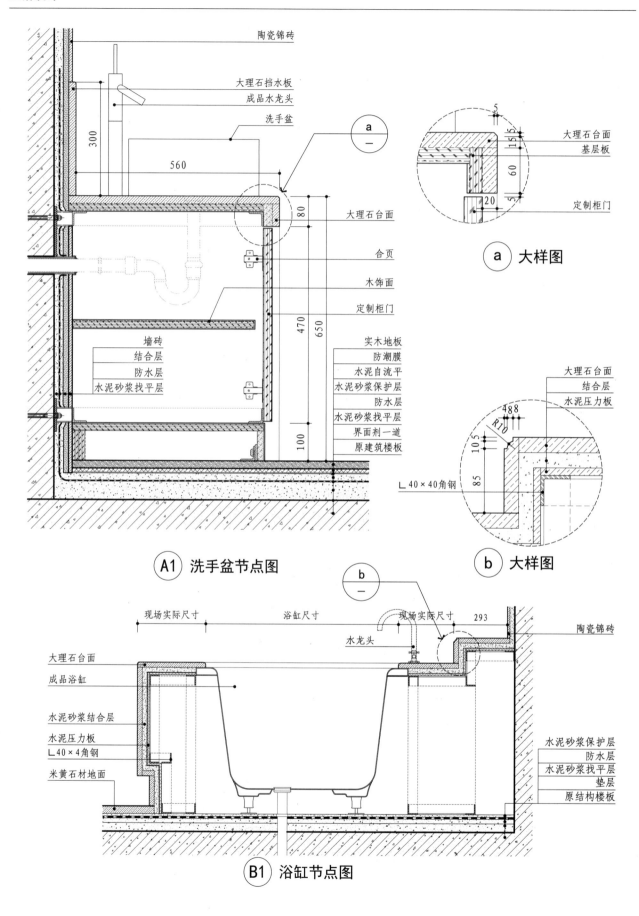

陶瓷锦砖

大理石挡水板
成品水龙头

洗手盆

300

560

80

大理石台面

合页

木饰面

定制柜门

470

650

100

墙砖
结合层
防水层
水泥砂浆找平层

实木地板
防潮膜
水泥自流平
水泥砂浆保护层
防水层
水泥砂浆找平层
界面剂一道
原建筑楼板

ⓐ 大样图

5
15 5
60
20

大理石台面
基层板

定制柜门

ⓑ 大样图

大理石台面
结合层
水泥压力板

488
R10
10.5

85

L 40×40角钢

Ⓐ1 洗手盆节点图

现场实际尺寸   浴缸尺寸   现场实际尺寸   293

水龙头

陶瓷锦砖

大理石台面

成品浴缸

水泥砂浆结合层

水泥压力板
L 40×4角钢

米黄石材地面

水泥砂浆保护层
防水层
水泥砂浆找平层
垫层
原结构楼板

Ⓑ1 浴缸节点图

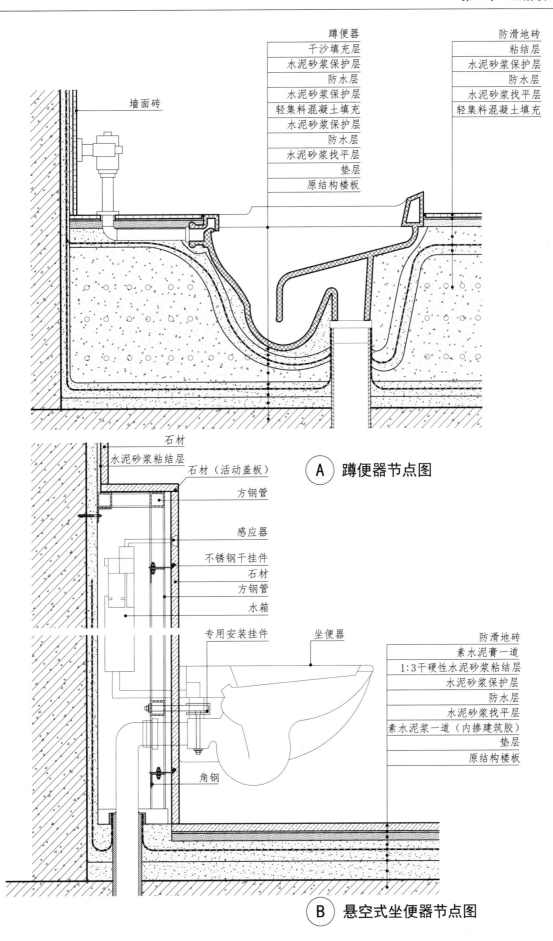

墙面砖

蹲便器
干沙填充层
水泥砂浆保护层
防水层
水泥砂浆保护层
轻集料混凝土填充
水泥砂浆保护层
防水层
水泥砂浆找平层
垫层
原结构楼板

防滑地砖
粘结层
水泥砂浆保护层
防水层
水泥砂浆找平层
轻集料混凝土填充

石材
水泥砂浆粘结层
石材（活动盖板）
方钢管
感应器
不锈钢干挂件
石材
方钢管
水箱

(A) 蹲便器节点图

专用安装挂件
坐便器
角钢

防滑地砖
素水泥膏一道
1:3干硬性水泥砂浆粘结层
水泥砂浆保护层
防水层
水泥砂浆找平层
素水泥浆一道（内掺建筑胶）
垫层
原结构楼板

(B) 悬空式坐便器节点图

231

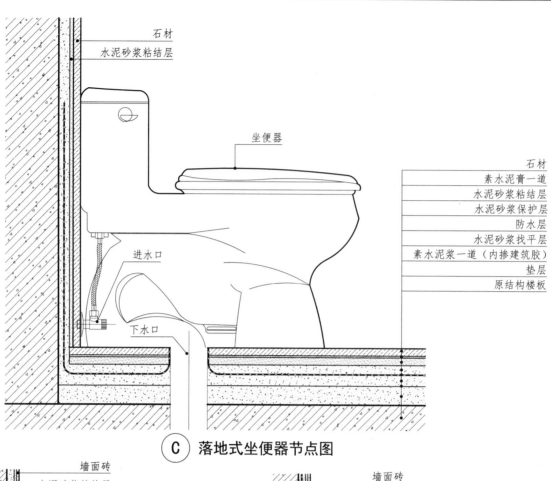

石材
水泥砂浆粘结层

坐便器

进水口

下水口

石材
素水泥膏一道
水泥砂浆粘结层
水泥砂浆保护层
防水层
水泥砂浆找平层
素水泥浆一道（内掺建筑胶）
垫层
原结构楼板

C 落地式坐便器节点图

墙面砖
水泥砂浆粘结层
石材（活动盖板）
方钢管
角钢
感应器

水箱
墙面砖
小便斗

防滑地砖
素水泥膏一道
水泥砂浆粘结层
水泥砂浆保护层
防水层
水泥砂浆找平层
素水泥浆一道（内掺建筑胶）
垫层
原结构楼板

D 悬空式小便斗节点图

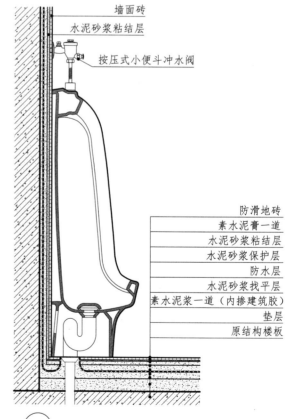

墙面砖
水泥砂浆粘结层
按压式小便斗冲水阀

防滑地砖
素水泥膏一道
水泥砂浆粘结层
水泥砂浆保护层
防水层
水泥砂浆找平层
素水泥浆一道（内掺建筑胶）
垫层
原结构楼板

E 落地式小便斗节点图

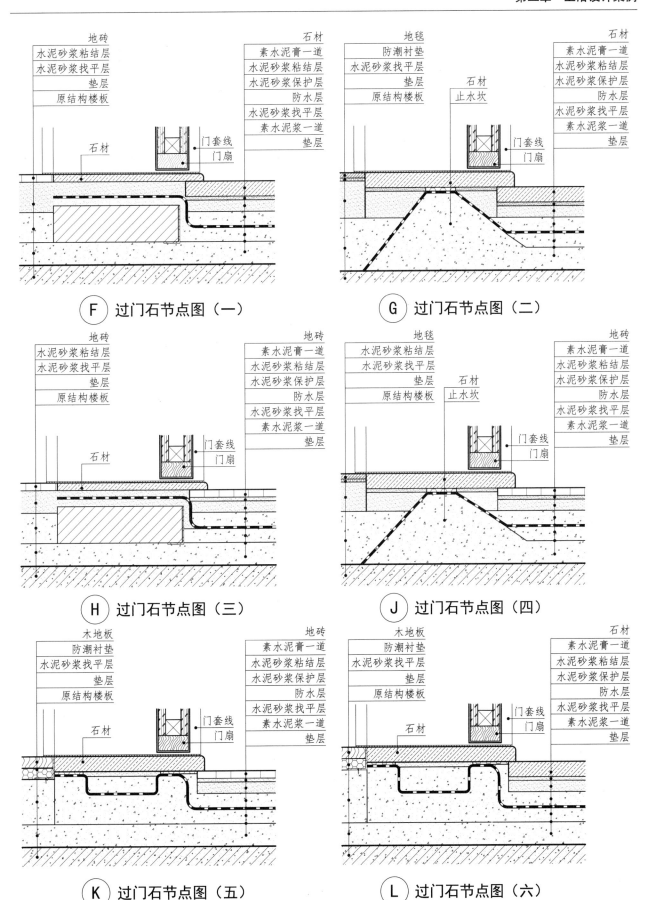

地砖
水泥砂浆粘结层
水泥砂浆找平层
垫层
原结构楼板

石材

石材
素水泥膏一道
水泥砂浆粘结层
水泥砂浆保护层
防水层
水泥砂浆找平层
素水泥浆一道
垫层

门套线
门扇

Ⓕ 过门石节点图（一）

地毯
防潮衬垫
水泥砂浆找平层
垫层
原结构楼板

石材
止水坎

石材
素水泥膏一道
水泥砂浆粘结层
水泥砂浆保护层
防水层
水泥砂浆找平层
素水泥浆一道
垫层

门套线
门扇

Ⓖ 过门石节点图（二）

地砖
水泥砂浆粘结层
水泥砂浆找平层
垫层
原结构楼板

石材

地砖
素水泥膏一道
水泥砂浆粘结层
水泥砂浆保护层
防水层
水泥砂浆找平层
素水泥浆一道
垫层

门套线
门扇

Ⓗ 过门石节点图（三）

地毯
水泥砂浆粘结层
水泥砂浆找平层
垫层
原结构楼板

石材
止水坎

地砖
素水泥膏一道
水泥砂浆粘结层
水泥砂浆保护层
防水层
水泥砂浆找平层
素水泥浆一道
垫层

门套线
门扇

Ⓙ 过门石节点图（四）

木地板
防潮衬垫
水泥砂浆找平层
垫层
原结构楼板

石材

地砖
素水泥膏一道
水泥砂浆粘结层
水泥砂浆保护层
防水层
水泥砂浆找平层
素水泥浆一道
垫层

门套线
门扇

Ⓚ 过门石节点图（五）

木地板
防潮衬垫
水泥砂浆找平层
垫层
原结构楼板

石材

石材
素水泥膏一道
水泥砂浆粘结层
水泥砂浆保护层
防水层
水泥砂浆找平层
素水泥浆一道
垫层

门套线
门扇

Ⓛ 过门石节点图（六）

石材
水泥砂浆粘结层
水泥砂浆保护层
防水层
水泥砂浆找平层

木贴脸
泡沫胶

成品木门

筒子板
基层板
原建筑墙体

木贴脸

M 门套节点图（一）

墙砖
水泥砂浆粘结层
水泥砂浆保护层
防水层
水泥砂浆找平层

木贴脸
泡沫胶

成品木门

筒子板
基层板
原建筑墙体

木贴脸

N 门套节点图（二）

壁纸
水泥砂浆保护层
防水层
水泥砂浆找平层

木贴脸
泡沫胶

成品木门

筒子板
基层板
原建筑墙体

木贴脸

P 门套节点图（三）

防滑地砖
水泥砂浆粘结层
水泥砂浆保护层
防水层
水泥砂浆找平层
素水泥浆一道（内掺建筑胶）
垫层
原结构楼板

地漏

1%   1%

Q 地漏节点图（一）

石材
水泥砂浆粘结层
水泥砂浆保护层
防水层

地漏

水泥砂浆找平层
素水泥浆一道（内掺建筑胶）
垫层
原结构楼板

R 地漏节点图（二）

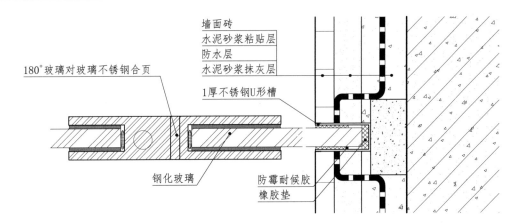

墙面砖
水泥砂浆粘贴层
防水层
水泥砂浆抹灰层

180°玻璃对玻璃不锈钢合页

1厚不锈钢U形槽

钢化玻璃

防霉耐候胶
橡胶垫

Ⓢ 玻璃隔断节点图

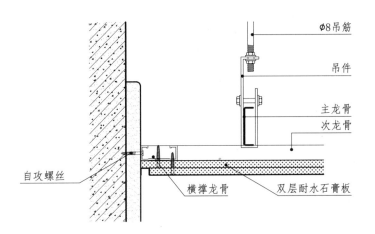

φ8吊筋

吊件

主龙骨
次龙骨

自攻螺丝

横撑龙骨　双层耐水石膏板

Ⓣ 顶棚节点图（一）

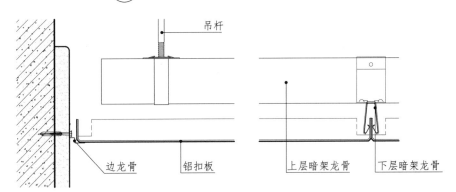

吊杆

边龙骨　铝扣板　上层暗架龙骨　下层暗架龙骨

Ⓤ 顶棚节点图（二）

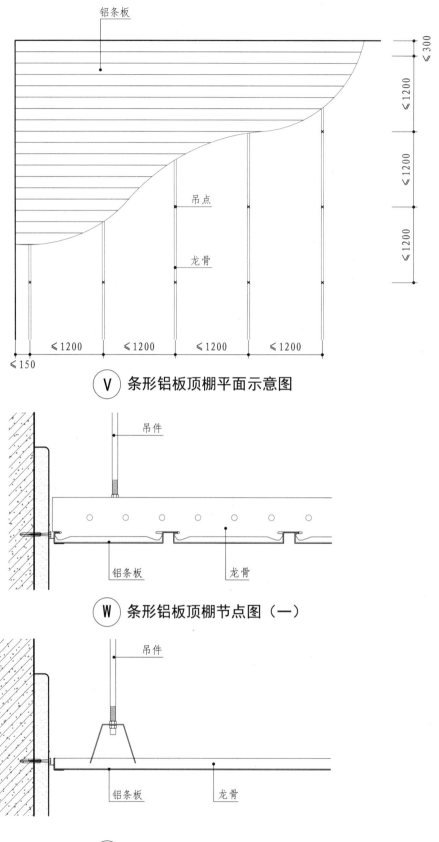

铝条板

吊点

龙骨

≤300

≤1200

≤1200

≤1200

≤1200

≤1200

≤1200

≤1200

≤150

Ⓥ 条形铝板顶棚平面示意图

吊件

铝条板

龙骨

Ⓦ 条形铝板顶棚节点图（一）

吊件

铝条板

龙骨

Ⓧ 条形铝板顶棚节点图（二）

参考文献

1 《城市公共厕所设计标准》CJJ 14—2016

2 《住宅设计规范》GB 50096—2011

3 《托儿所、幼儿园建筑设计规范》JGJ 39—2016

4 《中小学校设计规范》GB 50099—2011

5 《宿舍建筑设计规范》JGJ 36—2016

6 《体育建筑设计规范》JGJ 31—2003

7 《疗养院建筑设计标准》JGJ/T 40—2019

8 《办公建筑设计规范》JGJ 67—2006

9 《饮食建筑设计标准》JGJ 64—2017

10 《商店建筑设计规范》JGJ 48—2014

11 《旅馆建筑设计规范》JGJ 62—2014

12 《交通客运站建筑设计规范》JGJ/T 60—2012

13 《铁路旅客车站建筑设计规范》GB 50226—2007

14 《民用建筑设计通则》GB 50352—2005

15 《民用建筑设计统一标准》GB 50352—2019

16 《老年人照料设施建筑设计标准》JGJ 450—2018

17 《综合医院建筑设计规范》GB 51039—2014

18 《无障碍设计》国家建筑标准设计图集 12J926

19 《公共建筑卫生间》国家建筑标准设计图集 16J914-1

20 《住宅卫生间》国家建筑标准设计图集 14J914-2

21 《民用建筑设计通则》图示 国家建筑标准设计图集 06SJ813

22 《卫生陶瓷》GB 6952—2015

23 《卫生间配套设备》GB/T 12956—2008

24 《不锈钢水嘴》CJ/T 406—2012

25 《卫生洁具 淋浴用花洒》GB/T 23447—2009

26 张绮曼,郑曙旸.室内设计资料集.北京:中国建筑工业出版社,1991

27 高祥生,韩巍,过伟敏.室内设计师手册.北京:中国建筑工业出版社,2001

28 中国建筑工业出版社,中国建筑学会.建筑设计资料集(第三版).北京:中国建筑工业出版社,2017